BASSIN DE PARIS

FEUILLE DE LILLE AU 320.000ᵉ

(PARTIE SUD-OUEST)

PAR

M. G.-F. DOLLFUS

Ancien Président de la Société Géologique de France
Collaborateur principal.

Les régions dont je me suis occupé pour la préparation de la feuille de
Lille au 320.000ᵉ comprennent : 1° la région à l'ouest du pays de Bray ; 2° la
partie de la Belgique confinant à la frontière de France et contenue dans le cadre
de la carte ; 3° une petite partie du sud de l'Angleterre faisant face aux côtes
françaises. Mais j'ai porté principalement mes efforts sur la Seine-Inférieure
entraînant la coordination des anciennes feuilles géologiques au 80.000ᵉ, du
Havre, Yvetôt, Saint-Valery-en-Caux et parties de celles d'Abbeville et de
Neufchâtel-en-Bray, car plusieurs questions importantes y réclamaient une
solution.

Le programme de la Carte au 320.000ᵉ comportant l'enlèvement des limons
et ces terrains occupant dans le pays de Caux une surface considérable, il
était nécessaire de préciser la nature des couches immédiatement au dessous
et qui se trouvaient masquées. J'ai trouvé que les dépôts tertiaires occupaient
une surface beaucoup plus étendue que celle qu'on supposait, et aussi qu'il
était nécessaire de modifier fréquemment l'attribution qui leur avait été
donnée. Laissant de côté les hauts cailloutis des environs de Dieppe qui ont
été l'objet d'une discussion devant la Société géologique de France[1], je clas-

[1] Compte rendu. Séance Soc. géolog. de France, 21 décembre 1896

erai dans trois étages différents les dépôts tertiaires de la Seine-Inférieure:

I. A la base, les sables et grès thanétiens dont j'ai indiqué dans mes rapports annuels antérieurs l'extension considérable sur la feuille de Rouen. Ce sont des sables blancs, fins, purs, parfois gréseux, chargés à la base de silex crétacés, verdis à la surface, peu roulés, ou de gros galets crétacés roulés, gris, irréguliers. On les voit sur toute la berge sud du Bray, depuis le fond du synclinal de la Scie (Varenne), jusqu'à une altitude assez élevée comme à Catenay, les Authieux-sous-Buchy, Estouteville, Roquemont, Saint-Saëns, Bellemcombre, Muchedent, Torcy. Mais dans toute la grande pointe de la forêt du Croc entre la Béthune et la Varenne, l'ancienne carte a marqué en argile plastique e_{tv} de grandes étendues où l'on rencontre seulement l'argile à silex. Je n'y ai trouvé que quelques lambeaux peu étendus de sables thanétiens répartis aux environs des Grandes-Ventes.

On trouve ensuite se reliant au centre du chapelet précédent, presque perpendiculairement, une autre série de buttes sableuses et gréseuses situées sur la ligne de partage des eaux entre la Seine et la mer, dominant le pays comme à Critot, Frichemesnil, Fresnay-le-Long (feuille de Neufchâtel), Gueutteville, Yerville, Motteville, Flamanville, Yvetôt, Valliquerville, Bolleville (feuille d'Yvetôt).

Au nord et au sud de cette crête principale, on trouve, se dirigeant sur les lignes de faîtes secondaires et allant jusqu'à la mer ou jusque à la Seine, une série d'îlots sableux saillants, plus ou moins reliés entre eux par des paquets de sables blancs ou colorés, effondrés dans des poches ou puits naturels descendant dans le Sénonien moyen; ces gîtes sont si rapprochés qu'on peut les considérer comme formant une nappe continue.

Plus à l'ouest, les sables et grès blancs forment une grande bande nord-sud, le long du grand accident de Fécamp à Lillebonne. Ces dépôts ont été décrits antérieurement par de nombreux observateurs : MM. Lionnet, Lennier, Biochet, Gosselet, Parent, etc. ; je n'y reviendrai pas.

Il existe au Musée du Havre un échantillon de grès fossilifère de ce niveau provenant de Veules et renfermant les mêmes espèces qui ont été signalées à Dieppe par M. Munier-Chalmas.

Au delà de Bolbec-Beuzeville, à l'ouest, les sables, blancs et fins avec grès se poursuivent régulièrement sur les hauts plateaux à Saint-Romain, Gainneville, Grasville (excursion avec MM. Lennier et Ramond), et jusqu'à la Hève où l'on en trouve des paquets effondrés dans des poches du Cénomanien.

II. Plus haut arrivent les dépôts sparnaciens, peu étendus, conservés seulement en quelques points du synclinal sud du Bray. Ils sont représentés à Saint-Saëns par des grès grossiers chargés, surtout au sommet, de galets noirs très roulés, de calibre assez uniforme, autrefois exploités pour meules et fossilifères; j'ai pu déterminer les espèces suivantes tant de mes propres recherches que de celles de M. R. Fortin.

FAUNE DE SAINT-SAENS

Fusus (Tritonidea) latus, Sow.
Potamides (Tympanotomus) funatum, Mant.
Melania (Melanatria) inquinata, Def.
Natica infundibulum, Wat.
Cyrena tellinella, Fér.
 — *cuneiformis,* Fér.
 — *Forbesi,* Desh.
Pectunculus terebratularis, Lamk.
Ostrea Bellovacensis, Lamk.

Ces poudingues et sables sont analogues à ceux de Sinceny; ils se relient par les dépôts des Hogues et du Mesnil-Verclives (feuilles de Rouen) aux dépôts typiques des environs de Gisors et du bassin de Paris : d'autre part, ils se relient facilement aux dépôts bien connus de Dieppe (feuille d'Abbeville), par les gisements du Bosc-Béranger, Bazomesnil, Le Catelier-Pelletôt (feuille de Neuchâtel). Je n'ai rien observé sur la feuille d'Yvetôt d'assez bien caractérisé pour pouvoir être classé dans le Sparnacien avec certitude, bien que l'extension de cet étage sur cette région soit extrèmement probable et que j'aie découvert çà et là, ainsi que M. Fortin, des galets noirs très roulés du type de Sinceny remaniés à la base du limon.

III. J'arrive aux dépôts des sables granitiques de la Sologne (Burdigalien) dont j'avais déjà signalé l'extension inattendue dans la Seine-Inférieure. Mes courses nouvelles m'ont fait découvrir les divers points suivants qui se trouvent tous sur le versant de la Seine : Pavilly, Caudebec, Maulévrier, Les Sablonnières, près Saint-Nicolas-de-la-Haie, Bolbec, hameau Lacroix (feuille d'Yvetôt), Eslettes (feuille de Neuchâtel), La Hève (feuille du Havre).

J'ai pu constater en effet les sables granitiques de la Sologne à la Hève, sous les Phares, tout en haut de la grande falaise, dans des poches différentes de celles où est effondré le sable thanétien, parfois au dessus de ces sables dans les mêmes poches; le grain est souvent plus fin qu'à Paris, le point d'origine est plus lointain, mais on trouve par la lévigation des éléments très grossiers, cristallins qui ne laissent aucune incertitude. Il est curieux de remarquer qu'Ant. Passy, dès 1832, dans sa description géologique de la Seine-Inférieure, a signalé expressément les dépôts granitiques de la Hève (pl. IV), classés alors dans les terrains superficiels et que, depuis cette époque, il ne semble pas que personne en ait parlé; bien que de nombreux géologues aient visité cette localité classique, aucun n'avait eu l'occasion de suivre, comme moi, ces sables, pas à pas, depuis la Loire.

En examinant au Musée du Havre de nombreux spécimens de l'argile de Melamare qui n'est plus guère visible aujourd'hui, j'y ai trouvé des grains de sables granitiques permettant de classer dans les sables de la Sologne ce lambeau isolé dont l'attribution était restée jusqu'ici douteuse ayant été considéré par l'ancienne carte comme argile sparnacienne (e_{IV}) et plus récemment par M. Parent comme un simple dépôt quaternaire.

D'autre part, j'ai engagé avec M. Jukes Browne et quelques autres géologues anglais une discussion sur la place de la Gaize du pays de Bray et du Havre, dans la série stratigraphique ; ils ont cherché à prouver que c'est à tort que d'Orbigny et les géologues français considèrent la Gaize comme la base du Cénomanien et qu'il valait mieux la classer au sommet de l'Albien.

J'ai montré, au contraire, qu'il n'y avait pas lieu de changer la classification adoptée par le Service de la Carte et qu'elle rendait mieux compte de toutes les données stratigraphiques et paléontologiques actuelles que la modification proposée.

Pour la Hève, j'ai adopté les vues de M. Lennier classant seulement dans l'*Albien* une couche peu épaisse de glauconie noire à Ammonites Deluci, et considérant comme *Aptien* les sables et grès ferrugineux imparfaits, à fossiles médiocres et grosses *Ostrea aquila* ; enfin en plaçant dans le *Néocomien* (Wealdien), des sables grossiers, verdâtres, avec végétaux, accompagnés à la base d'argile grise téguline, très pure, exploitée, avec quelques sables fins, comparables en tous points aux argiles du pays de Bray que j'ai classées sous le symbole c_{IV}, sur la feuille de Rouen.

Le Portlandien fait défaut et tout l'ensemble crétacé est en stratification transgressive sur divers niveaux du Kiméridien.

Tectonique. — L'examen critique de la structure des couches du pays de Caux était nécessaire, car aucune idée de systématisation des accidents n'avait été tentée sur l'ancienne carte.

J'ai constaté que ce n'était pas la grande faille coupant le pays de Caux de Fécamp à Lillebonne qui changeait de direction à Notre-Dame-de-Gravenchon pour prendre la direction de Villequier, mais qu'il s'agissait d'une seconde faille coupant la première sous un angle de 112° environ.

J'ai trouvé le Cénomanien au fond d'une carrière de diluvium près du cimetière de Gravenchon (vers l'altitude de 36 mètres), ce qui m'a permis de redresser la faille de Lillebonne d'une part et celle de Villequier de l'autre. A partir de la carrière Leveillard, à Villequier, la faille subséquente dite de Villequier modifie sa direction et semble redevenir perpendiculaire à l'accident principal de Fécamp-Lillebonne.

D'autre part, nous sommes arrivés à la conclusion que la faille de Fécamp-Lillebonne occupe le synclinal de ce long accident, mais que l'anticlinal en est disjoint. Cet anticlinal occupe une ligne parallèle formant le sommet d'une voûte élevée qui suit parallèlement la faille à 4 kilomètres à l'est. L'ascension des couches cénomaniennes au nord-est est visible dans les petites vallées des environs de Lillebonne, et cette disposition est en accord avec la répartition des cours d'eau qui descendent de la ligne de faîte vers la faille synclinale.

Enfin l'affleurement de Villequier peut être considéré comme un regard montrant la constitution réelle du sous-sol sous la région anticlinale, constitution qui est masquée localement par les affaissements du Sénonien descendu au niveau des argiles kimméridiennes.

A Triquerville, au centre de la voûte, le Cénomanien, sableux vers sa base, est à l'altitude de 110 mètres ; il est à 70 mètres à Villequier à l'est, et à 36 mètres à Gravenchon à l'ouest. Le forage de la sucrerie de Bolbec-Nointot est en accord également avec ces vues ; l'anticlinal se rapproche de l'axe vers Tourville, Saint-Léonard et rejoint la faille à Fécamp.

Plus loin il m'a semblé que l'accident de Barentin-Pavilly devait être considéré non comme une simple faille, mais surtout comme une voûte anticlinale avec inclinaison au sud-ouest et au nord-est ; cet accident fait directement suite à la faille de Rouen, que j'ai pu conduire jusqu'à l'angle supérieur gauche de la Carte géologique de Rouen. Au delà de Cideville les couches crétacées disparaissent sous de puissants dépôts tertiaires et quaternaires, mais c'est ce même accident qui se retrouve dans les falaises à Saint-Aubin-sur-Mer où Hébert l'a signalé. Entre les deux points, il s'achemine par Yerville, Saint-Laurent-en-Caux et la région anticlinale située entre la Saane et la Dun, subparallèlement à l'axe de Fécamp.

Il reste à savoir s'il n'existe pas quelqu'accident dans le vallon de Montivilliers, car la région du Havre est nettement anticlinale et cependant les artères principales des eaux actuelles coulent à contre-pente de la direction générale des couches. Le sommet du Cénomanien est à 100 mètres au moins d'altitude à la Hève et cette couche disparaît sous le zéro de la mer, au nord, au corps de garde du cap d'Antifer, et à l'est à la pointe de Tancarville ; or, le cours moyen de la Lézarde est du nord vers le sud. Nous appelons l'attention des géologues havrais sur cette question que nous n'avons pas eu le temps d'élucider, rappelant que M. Hébert a signalé tout un régime de cassures et de petites failles entre Fécamp et le cap d'Antifer.

FEUILLE D'ÉVREUX (REVISION)

PAR

M. G.-F. DOLLFUS

Ancien Président de la Société Géologique de France
Collaborateur principal.

J'ai examiné, en 1897, les environs même d'Évreux, la bordure nord et ouest de la Carte, et surtout la région située entre l'Eure et l'Iton.

La craie dans la vallée de l'Iton est connue; à Aulnay-sur-Iton, près La Bonneville, il existe un faible pointement de Cénomanien entouré de trois côtés par le Turonien, d'épaisseur médiocre, et limité au nord par une faille.

Sur ce Turonien marneux, masqué par une argile à silex très épaisse, règne un Sénonien considérable; le Sénonien inférieur est constitué par une craie dure comme celle qui, dans la vallée de la Seine, est connue sous le nom de *Pierre de Vernon*, avec accidents dolomitiques et noduleux, craie autrefois largement exploitée et qui forme de beaux escarpements dans la partie inférieure du cours de l'Iton.

Le Sénonien moyen est puissant de 100 mètres au moins, c'est une craie assez tendre, souvent exploitée pour marnage, avec lits à Bryozoaires très nombreux, gros silex gris zonés à la base, silex noirs à la partie moyenne, silex cariés avec *Echinocorys* au sommet.

Le Sénonien supérieur avec Bélemnitelles ne m'est connu que dans le synclinal de l'Eure : c'est une craie d'un blanc plus vif à silex noirs souvent biscornus et à patine rosée, *Echinocorys* nombreux. Il a été probablement dénudé et raviné dans toute la région nord-ouest dès le dépôt du calcaire grossier, et ce qui avait pu en rester dans l'ouest a été dénudé à son tour, avec le calcaire grossier, par les sables de Fontainebleau.

La série tertiaire débute par les sables de Cuise que j'ai découverts sur la rive gauche de l'Eure à Reuilly, Dardez, Ivréville (mamelon de la cote 138) et dont il existe probablement encore des traces à la Chapelle-du-Bois-des-Faulz. Ce sont des sables glauconifères fauves, jaunes ou verdâtres, micacés, semblables à ceux que j'ai déjà décrits sur la rive droite. Ils reposent directement sur la craie à *Echinocorys vulgaris* et sont surmontés à Reuilly par le calcaire grossier; ils diminuent rapidement d'épaisseur vers le sud, soit qu'ils arrivent à la limite de leur extension réelle, soit qu'ils aient été dans cette direction entièrement ravinés par le calcaire grossier.

La partie inférieure du calcaire grossier manque. La partie moyenne de cette formation débute par un lit de débris et de galets renfermant parfois le *Cerithium giganteum* et qu'on peut attribuer à la base du calcaire grossier moyen. Sa composition fondamentale paraît avoir été assez uniforme, mais il a été très irrégulièrement agglutiné; certains points sont remarquablement fossilifères; il ne présente pas un faciès littoral réel et sa limite actuelle, suivant une grande ligne nord-ouest-sud-est, est due à un ravinement; il ne dépasse pas une altitude de relèvement uniforme le long d'une grande ride crétacée anticlinale. Au delà de cette ride, dans le synclinal suivant (de la Risle), on trouve des fragments de calcaire grossier silicifiés, dispersés dans les poches de sable supérieur, par exemple à Évreux.

Le calcaire grossier supérieur n'est connu qu'en petits îlots épargnés par la dénudation et la dissolution, à Orgeville, Le Plessis-Hébert, La Couture.

Nous constatons ensuite une grande lacune dans la série sédimentaire sur toute la rive gauche de l'Eure; car au dessus du calcaire grossier, on trouve soit des sables blancs fins, soit des sables granitiques et kaoliniques grossiers généralement très étendus. Les premiers sont des sables blancs, parfois colorés par des actions postérieures, généralement très purs, fins et irrégulièrement micacés; on n'y a jamais signalé de fossiles: c'est surtout dans la région purement crétacée que ces sables fins sont développés; ils sont tantôt en buttes saillantes, tantôt effondrés dans des poches de la craie. On rencontre souvent à leur base des plages de gros galets de silex crétacés très bien roulés. En quelques endroits, on y trouve encore des blocs meuliers avec fossiles appartenant au calcaire grossier et divers autres débris de roches modifiées peu déterminables; je signalerai cependant des galets d'un calcaire gréseux à éléments quartzeux semblables au calcaire de Breuillet.

Dans l'ouest de la feuille, vers Damville, ce sable est fréquemment ferrugineux; c'est lui qui a été le siège des très nombreuses exploitations ferrifères du pays d'Ouche, exploitations qui sont toutes fermées aujourd'hui et qui paraissent n'avoir jamais été exploitées d'une manière scientifique.

Par les marnières, assez nombreuses dans les environs, qui descendent profondément dans la craie du tréfond, on voit que la nature de cette craie et son gisement n'ont aucune influence sur les minerais; on voit aussi que le fer a toujours été signalé au dessus de l'argile à silex et que les deux natures de minerais signalés se rapportent à deux états du fer qui se confondaient à l'origine. La limonite qu'on rencontre est remaniée et roulée à la base des terrains superficiels; elle n'est qu'un état d'altération de l'hématite qui se trouve en place dans les sables tertiaires situés au dessous. Les sables du pays d'Ouche montrent des guirlandes ou lits discontinus de minerai; ces minerais se sont formés visiblement par la concentration dans les couches inférieures d'infiltrations ferrugineuses provenant des couches supérieures. Nous paraissons être en face d'un sable autrefois glauconifère, dans lequel la circulation des eaux atmosphériques a produit des décompositions, des déplacements multiples avec concentration de produits séparés et formation de lits discontinus d'hématite et d'argile. J'ai suivi ces sables sur une forte étendue; ils ravinent les couches de l'Eocène et se relient aux sables de Fontainebleau à Marchezais-Broué, Nogent-le-Roi, Maintenon, etc. Nous avons déjà dit un mot de cette probabilité l'an passé; elle n'a fait que s'affirmer de plus en plus. D'après cela, dans l'ouest du bassin de Paris, toute la vaste étendue des sables blancs appartiendrait à une grande transgression de l'Oligocène. J'ai montré dans la vallée de la Remarde, la valeur de cette transgression au sud de Paris; elle prend à l'ouest dans son extension une ampleur inattendue. En y réfléchissant d'ailleurs on pouvait se demander ce que devenait dans cette direction la masse de sable qui, à Épernon, domine la plaine crayeuse de 80 mètres et qui offre à sa base un poudingue énorme; cailloutis qui est le témoin et le résultat d'un ravinement non moins ample.

Les sables de Damville et d'Évreux occupent bien cette position, et minéralogiquement ils ne sauraient être distingués du sable de Fontainebleau. Ils ravinent l'Eocène, et présentent à la base, notamment à Damville, un poudingue remarquable de galets, etc.

L'ancienne carte avait colorié ces sables en *Argile plastique*, mais cette indication ne résiste pas à l'examen, car dans la région il n'y a pas d'argile plastique, pas trace de Sparnacien au dessous du calcaire grossier. Le Sparnacien dans la région la plus voisine où on le rencontre se présente sous la forme d'une argile plastique massive, ou stratifiée et fossilifère avec sables grossiers, c'est-à-dire avec des caractères qui manquent complètement dans les couches du pays d'Ouche. Ce qui a conduit autrefois à cette attribution, c'est qu'on a réuni aux sables et grès blancs de Fontainebleau, des sables granitiques avec argile sèche spéciale que nous avons appris maintenant à classer dans les sables de la Sologne et dont nous allons parler maintenant. J'ai montré, il y a bien des années déjà, la superposition des sables granitiques au-dessus des couches tertiaires les plus élevées du bassin de Paris; or, dans la région entre l'Eure et l'Iton que nous étudions présentement, les sables granitiques se voient partout au dessus du calcaire grossier dans lequel ils descendent souvent par poches, je les ai trouvés aussi superposés aux sables blancs que j'ai attribués aux sables de Fontainebleau à Emalleville. Ils forment une bande sur l'axe crétacé séparatif entre l'Iton et l'Eure; on les a signalés du côté de Damville comme surmontant les sables à minerais de fer.

Une grande transgression fluviatile miocène venant du plateau central a donc dispersé en partie les témoins de la transgression marine oligocène antérieure. Ce n'est qu'après avoir isolé et distingué ces divers éléments que nous avons pu trouver la clé de la stratigraphie du gisement des dépôts métallifères très compliqués et demeurés inexpliqués jusqu'ici.

M. Laugel n'était pas si loin de mes vues quand il disait, dès 1860[1] :

« Je dois signaler à la partie supérieure de la formation tertiaire la présence d'un minerai de fer hydroxydé exploité dans certains points de la forêt de Senonches et dans les environs de Verneuil (ainsi que dans le département de l'Eure). Ce minerai mélangé de silex se trouve seulement par places très irrégulières et paraît être dû à une simple concentration accidentelle des éléments ferrugineux répandus dans cette formation ».

Tectonique. — J'ai relevé le tracé de plusieurs ondulations et j'ai pu en délimiter le champ d'action d'une manière assez précise. Ce sont :

LE SYNCLINAL DE L'EURE. — Il entre dans notre Carte à Fontaine-Heudebourg dans la vallée de l'Eure et suit le cours moyen de cette rivière jusqu'à Breuilpont; l'écoulement des petits affluents latéraux actuels de l'Eure est conséquent avec la pente des couches vers le chenal médian de la vallée.

ANTICLINAL DU ROUMOIS (dédoublé). — Cet accident est une voûte de craie fort importante qui commence visiblement à la Vacherie-sur-Iton à un affleu-

---

[1] Description géol. du département d'Eure-et-Loir. *Bull. de la Soc. géol.*, p. 329.

rement de Turonien que j'ai autrefois découvert, qui suit, après, la ligne de partage des eaux entre l'Eure et l'Iton par Emalleville, Boulay-Morin, Sassey, Gauciel, Miserey, Boisset-les-Prévanches. Cette voûte est dissymétrique, le côté long à l'ouest, la berge courte à l'est.

LE SYNCLINAL DE LA RISLE. — Il part de la Mare-Plate, près Feuguerolles, au coin nord-ouest de la feuille où l'on trouve un vaste lambeau de sables de Fontainebleau accompagné d'un lit de galets considérable en épaisseur et en étendue; ensuite il occupe sur un assez long espace le cours inférieur de l'Iton par Brosseville, Saint-Germain, Normanville, Gravigny, Fauville; puis s'élève sur le plateau par Saint-Aubin du Vieil-Évreux, la Trinité, la Forest-du-Parc, Saint-André.

L'ANTICLINAL D'AULNAY-SUR-ITON. — Il suit parallèlement le cours inférieur de l'Iton depuis la Bonneville jusqu'à Damville (Les Murgers, les Minières, Boissy) pour gagner la Madeleine de Nonancourt. N'ayant pas encore étudié, vers le sud-est, dans leurs détails, la marche de ces ondulations je n'indiquerai pas ici leur cours sur la rive droite de l'Eure; mais je puis dire déjà qu'aucune feuille n'avait présenté encore un aussi bon exemple d'ondulations multiples, concentriques, un peu divergentes, resserrées vers le nord-ouest, à convexité orientée vers le sud et montrant l'influence prépondérante et bien marquée de quelque « horst » dans la région du Bray.

Un seul fait révèle une autre influence, c'est la faille d'Évreux, perpendiculaire à l'axe d'Aulnay et qui vient de la direction de Conches; elle met en contact à la Bonneville le Cénomanien supérieur relevé avec le Sénonien moyen horizontal, mais cet accident ne se prolonge pas, il s'estompe rapidedement en s'approchant d'Évreux, masqué en partie par le diluvium; en effet, au quartier de Navarre les deux falaises de l'Iton sont déjà sensiblement dans les mêmes couches du Sénonien moyen.

J'espère dans la campagne prochaine relier ces axes avec ceux des feuilles de Chartres et de Melun.

FEUILLE DE LAON AU 80.000[e]

PAR

M. GOSSELET
Correspondant de l'Institut, Doyen de la Faculté des sciences de l'Université de Lille
Collaborateur principal.

———

J'ai consacré mes explorations des vacances à la partie orientale de la feuille de Laon. Les couches qui la constituent sont si connues que je n'ai aucun fait important à signaler.

Terrains secondaires. — La limite indiquée dans la première édition de la feuille entre la craie à Bélemnites et la craie à Micraster devra être modifiée. Je ne suis pas encore en mesure de la tracer, mais j'ai reconnu d'une part que la craie à Bélemnites contient des bancs de dolomie contrairement à la caractéristique qui en avait été donnée ; d'autre part, que l'on trouve de la craie à Bélemnites aux environs de Ribemont, c'est-à-dire au nord de la limite précédemment admise. De plus, l'étude des gîtes phosphatés d'Étaves et des environs de Péronne a montré premièrement que, dans cette région, la craie phosphatée à Bélemnites est surmontée de craie blanche que l'on ne peut pas distinguer de la craie sous-jacente ; secondement, que la craie au lieu d'être toujours disposée en couches horizontales peut présenter des plissements et des failles analogues à ceux des terrains primaires et que rien ne décèle à la surface. Il est donc matériellement impossible, étant donnée une étendue de craie blanche, de reconnaître si elle est inférieure ou supérieure à la craie phosphatée à Bélemnites. Je crois que le tracé d'une limite entre la craie à Micraster et la craie à Bélemnites ne sera jamais qu'approximatif.

Terrains tertiaires. — e_{vc}. La craie de la partie orientale de la feuille de Laon étant dépourvue de silex, on n'en rencontre pas à la base des terrains tertiaires, ou s'il y en a d'une manière accidentelle, ce sont des silex roulés et amenés de loin.

e_{vb}. La première couche tertiaire aux environs immédiats de Laon est une argile qui a souvent été exploitée pour la fabrication des tuiles ; elle ne paraît pas s'étendre bien loin.

e_{va}. Les sables de Châlons-sur-Vesle sont très développés ; ils ont été séparés de l'argile plastique à laquelle ils sont réunis dans la première édition.

e_{iv}. Argile plastique et lignites. Cette assise épaisse au sud de la feuille à Anisy, Chaillevois, Urcel, s'amincit vers Laon. J'ai pu la suivre à l'aide des sources et des suintements jusqu'à Mons-en-Laonnois et Vorges, où elle a moins de 1 mètre. Elle manque presque complètement dans la montagne de Laon. Cependant au sommet des sablières de e_v, on voit souvent une petite couche argileuse.

e_{m} e_{ii} e_i n'ont donné lieu à aucune observation nouvelle. J'ai cru devoir indiquer partout où je l'ai vue l'argile de Saint-Gobain dont le classement ne paraît pas encore complètement élucidé.

e^1. Les sables de Beauchamp existent autour du fort de Montbérault. Ils contiennent des galets, que l'on trouve souvent seuls au sommet de collines, le sable ayant été enlevé.

Terrains quaternaires. — a^{1a}. Le diluvium est assez développé dans la vallée de la Serre. Il s'élève même à une certaine hauteur sur les plateaux. C'est d'autant plus remarquable qu'il manque dans la partie voisine de la vallée de l'Oise, ou bien il s'y trouve sous les alluvions modernes.

a^{1b}. Limons quaternaires. Ils sont peu développés.

a^2. Alluvions modernes. — Au sud de Laon, il y a un réseau de marais et de cours d'eau, qui ont été assez mal compris au point de vue topographique. Leur tracé m'a demandé plusieurs jours de travail.

REVISION DE LA FEUILLE DE MEAUX

PAR

M. Léon JANET

Ingénieur des Mines, Collaborateur adjoint.

Les explorations de 1897 m'ont permis de terminer les contours de la feuille de Meaux.

M. Munier-Chalmas a bien voulu faire avec moi une excursion dans la région de Dormans. Nous avons vu, dans la tranchée du chemin de fer qui suit cette station, des sables sans fossiles, surmontés par des marnes blanches à *Paludina aspersa* recouvertes elles-mêmes de diluvium. M. Munier-Chalmas m'a dit avoir vu autrefois, près de l'ancienne carrière classique de Try (feuille de Châlons), ces mêmes sables, où il a trouvé quelques cyrènes et lucines du niveau de Jonchery, surmontés par 1 mètre de calcaire à *Physa gigantea* et paludines, et 0^m,50 de conglomérat ossifère avec *Unio* et *Melanopsis* constituant la base du Sparnacien. On est donc conduit à considérer ces sables et marnes comme thanétiens, et nous avons été ainsi amené à faire figurer, tout à l'est de la feuille, un petit affleurement de cet étage.

Une autre course a été faite avec M. Munier-Chalmas dans la vallée de l'Ourcq, pour étudier les sables se trouvant au dessous du Lutétien. Les galets du cordon de base de ce dernier étage sont formés presque exclusivement de silex de la craie, et de grains de quartz. Au dessous, on trouve tantôt des sables quartzeux grossiers, tantôt des sables fins, tantôt des argiles noirâtres. Les sables renferment des huîtres, à peu près indéterminables, et les argiles des empreintes végétales. Ces divers faciès, résultant uniquement de la plus ou moins grande rapidité des courants, s'appliquent à des couches synchroniques, que nous avons considérées comme yprésiennes.

J'ai recherché avec M. Gustave Dollfus s'il convenait de faire figurer les glaises vertes dans la région de Montmirail. J'avais déjà dit, dans le compte rendu de la campagne de 1895, que les contours en étaient très difficiles à tracer, et que leur existence devait être considérée comme problématique. Nous avons vu, en quelques points, à la partie supérieure des marnes blanches, une couche d'argile verte en place, de 1 mètre d'épaisseur, et en beaucoup d'endroits de l'argile verte remaniée, mais la couche *Cyrena convexa* n'a pu être trouvée dans cette région. Cependant j'ai cru devoir maintenir les glaises vertes par raison de continuité, mais en formulant certaines réserves.

J'ai fait également une tournée avec M. Thomas, dans le nord-est de la feuille, pour raccorder les contours avec ceux de la feuille de Soissons.

Le reste de mon temps a été consacré principalement à l'étude du tracé des axes des ondulations des couches.

Toutes les observations que j'ai faites confirment en gros le tracé que M. Dollfus a donné de ces axes, et conduisent seulement à les déplacer de quelques kilomètres. Les axes qui intéressent la feuille de Meaux, orientés grossièrement est-ouest, sont les suivants en commençant par le nord.

1° Synclinal d'Épernay, passant par Charmel.

2° Anticlinal du Multien, passant par Étavigny, Rouvres, Crouy-sur-Ourcq, Coulombs et Condé-en-Brie.

3° Synclinal du Thérain, passant par Monthyon, Montceaux, Signy-Signets, Saint-Cyr, puis suivant à peu près la vallée du Petit-Morin.

4° Anticlinal du Bray, passant un peu au sud de Meaux, et jalonnant approximativement la ligne de partage des eaux entre la Marne et le Petit-Morin d'une part, le Grand-Morin d'autre part.

5° Synclinal de la Seine, passant par Magny-le-Hongre, puis suivant à peu près la vallée du Grand-Morin.

6° Anticlinal de Beynes, dont le tracé est très incertain sur la feuille de

Meaux. Dans un but de continuité, j'ai prolongé à peu près parallèlement au synclinal de la Seine, le tracé constaté sur la feuille de Paris où cet axe a une si grande importance.

D'une manière générale, les couches se relèvent à la fois vers le nord et vers l'est, et la pente n'est pas la même des deux côtés des plis. Le plus souvent, dans la zone comprise entre un anticlinal et le synclinal qui le borde au nord, les couches sont à peu près horizontales. Il faut donc considérer que l'on n'a, dans la majorité des cas, que des paliers arrêtant momentanément le relèvement général; pourtant j'ai observé en plusieurs points, au nord des axes du Bray et du Multien, des couches plongeant nettement vers le nord.

Une étude attentive m'a amené à constater que, dans l'est de la feuille, le relèvement des couches entre le synclinal du Thérain, et l'anticlinal du Multien, ne s'opère pas régulièrement et qu'il existe, à peu près au milieu, une zone où les couches plongent vers le nord. On constate par exemple que, de Méry-sur-Marne à Montreuil-aux-Lions, les couches se relèvent vers le nord, avec une forte pente, tandis qu'au sud elles sont à peu près horizontales, avec une légère tendance à se relever. Au ravin de Pisseloup, le cordon de galets constituant la base du lutétien est à une cote supérieure à celle qu'on observe près de Charly, à 4 kilomètres au nord. A Pargny-la-Dhuys, le calcaire de Saint-Ouen est à peu près à la même altitude qu'à Montmirail, tandis que de Pargny-la-Dhuys à Condé-en-Brie, il se relève avec une grande rapidité. J'ai été ainsi amené à tracer sur la feuille de Meaux deux axes secondaires nouveaux : 1° un synclinal suivant la vallée de la Marne, de Méry à Nogent-l'Artaud, et allant passer par la source de la Dhuys, dont il explique la grande importance ; 2° un anticlinal jalonnant grossièrement la ligne de partage des eaux entre la Marne et le Petit-Morin. Ces deux axes disparaissent vers l'ouest avant la Ferté-sous-Jouarre. Ce n'est que lorsque des études détaillées auront été faites sur les ondulations des couches de la feuille de Châlons, que l'on pourra apprécier l'importance qu'ils ont vers l'est.

Je propose de leur donner les noms de *Synclinal de la Source de la Dhuys*, et d'*Anticlinal du Bois du Tartre*.

Il existe des plis perpendiculaires, orientés grossièrement nord-sud, mais ils n'ont pas assez de continuité pour qu'il ait paru utile de les marquer sur la feuille. L'apparition de l'étage yprésien à l'est de la Ferté-sur-Jouarre, dans la vallée de la Marne, et à l'ouest de Montmirail, dans la vallée du Petit-Morin et celle de couches synchroniques des sables de Beauchamp, dans la vallée du Grand-Morin, ne peuvent être attribuées qu'à des bombements transversaux.

REVISION DE LA FEUILLE DE PROVINS

PAR

M. H. THOMAS
Contrôleur principal des Mines
Chef des travaux graphiques du Service.

En 1897, j'ai commencé l'étude de la feuille de Provins.

L'angle nord-ouest de cette feuille présente l'aspect monotone de la grande plaine de la Brie : de larges plateaux, d'allure uniforme, souvent boisés et faiblement découpés par des vallées étroites et sinueuses, dont la profondeur ne dépasse pas 20 ou 40 mètres; de loin en loin, des buttes et des collines sableuses émergent de la plaine, à laquelle elles se relient par des pentes adoucies; la principale, celle de Lumigny, domine les autres d'une quarantaine de mètres environ.

Les flancs des vallées montrent ordinairement les marnes blanches du gypse et les argiles vertes ; sur les plateaux, la meulière de Brie s'étale en larges nappes ; certaines buttes sableuses sont couronnées par des grès et celle de Lumigny, dans le parc de M. le marquis de Mun, n'a conservé son altitude élevée que grâce à un manteau de calcaire de Beauce qui en occupe le sommet et dont l'existence n'avait pas encore été signalée dans cette partie de la feuille : on ne le retrouve en effet qu'à une assez grande distance vers l'est, au coteau de Montaiguillon. ʹ

La direction générale des collines est E. S. E.

L'étage du gypse (*Ludien e³*) est représenté par des marnes blanches supérieures au gypse proprement dit, et par des calcaires durs, spathiques ou bréchoïdes, qui affleurent au pied des pentes et dans lesquels on trouve *Limnæa strigosa*, *Planorbis inflatus*, etc. Les marnes sont employées à l'amendement des terres (Le Plessis-feu-Aussous, Voinsles, Saints, Amillis, Vaudoy, Pécy, Bailly-Carrois, Gastins). Les calcaires servent à la fabrication de la chaux grasse (Jouy-le-Châtel); à l'empierrement des chemins (Vaudoy, où ils n'ont d'ailleurs donné que des résultats peu satisfaisants en raison de leur peu de consistance). A Gastins, des bancs plus durs fournissent des seuils et des marches d'escalier.

On peut suivre ces deux divisions dans les vallées de l'Yères, de l'Aubetin et

de quelques-uns de leurs affluents : l'Aron, l'Yvon et le rû de la Visandre ;
mais on ne les rencontre pas dans le rû de Marsange au sud de Favières.

Les argiles vertes (*Sannoisien inférieur* m ₃b) révèlent leur présence sur les
flancs des coteaux par des sources abondantes et une végétation humide.
Composées à la partie supérieure de couches de glaises vertes plus ou moins
foncées dans lesquelles viennent s'intercaler quelques lits minces ou filets marneux et des rognons strontianifères, elles montrent à leur base une argile
jaune feuilletée avec un lit de calcaire sableux finement oolithique, contenant
Cyrena convexa, *Potamides plicatus*, *Psammobia plana*, etc. Ces glaises sont exploitées pour la fabrication des tuiles, des poteries et des tuyaux de drainage
à Vizy près de Fontenay, à Gloise, Amillis et Vaudoy.

Au dessus, on trouve les marnes, les calcaires siliceux et les meulières de
la Brie (*Sannoisien supérieur* m ₃a). Dans cette région, les marnes blanches de
la base sont rarement fossilifères. Je n'ai trouvé de fossiles (*Bithinies*) que
dans les calcaires siliceux qui surmontent ces marnes à Voinsles près de la
ferme des Hauts-Grès. Ces calcaires, décalcifiés et transformés en meulière,
se présentent en lits réguliers de 12 à 15 centimètres d'épaisseur ou en gros
blocs isolés (0ᵐ,50 à 0ᵐ,60) empâtés dans une argile rougeâtre ou bariolée; ils
constituent le sol de la majeure partie des plateaux de la région et donnent
lieu à de nombreuses exploitations ouvertes le plus souvent à fleur du sol :
Favières, Marles, Lumigny, Touquin, Forêt de Malvoisine, Beautheil, Fontenay, Pécy, etc. Celles de la forêt de Crécy et des environs de Chaumes ont une
importance considérable.

L'étage *Stampien* (m ₄) est représenté par les éminences et les collines sableuses déjà connues antérieurement et auxquelles j'ajouterai les suivantes :
Favières, Bois d'Hautefeuille, La Houssiette, Marles, Liverdy, Andrezel, Beau-
voir, Vilbert, Bernay et la longue colline qui s'étend sur près de 8 kilomètres
du Plessis-Malet à Pécy.

Au sommet des sables, des grès ordinairement très durs, disposés soit en
tables régulières, soit en gros blocs disséminés dans la masse sableuse, fournissent des pavés à Glatigny, près de Touquin et à Rozoy ; des grès existent
également à Fontenay, à Guignes, à Ozouer-le-Voulgis dans le bois de Viry,
et dans les bois de Blandureau à l'est de Rozoy.

On a trouvé des ossements d'*Halitherium Schinzi* au moulin de Marles ;
mais la coupe la plus intéressante, en raison de la rareté des gîtes fossilifères
de la région, nous est fournie par la sablière de M. Gautron à Pezarches,
dans laquelle j'ai constaté l'existence des couches inférieures de l'étage stampien dont voici le détail :

		m
Sol, altitude	. . . .	125 »
8. Limon sableux contenant à la base des nodules ferrugineux provenant de la décalcification du calcaire de Beauce	. . . .	0,20
7. Sable jaune, fin, quartzeux et argileux avec *Pectunculus*	. . . . . .	0,80
6. Sable blanc, fin, très pur, très quartzeux avec galets, dents d'*Odontaspis cuspidata*, *O. contortidens* et ossements d'*Halitherium Schinzi* à la base	. . . .	4.00
5. Filet argileux noir	. . . .	0,01
4. Calcaire grenu avec *Natica crassatina*, *Bayania semidecussata*	. . . .	1,50

		m
3. Marne grise avec *Ostrea cyathula, Potamides plicatus*.		0,10
2. Marne calcaire (crayon blanc).		0,50
1. Calcaire gris, dur, spathique, ... visible sur		1,90
Niveau d'eau.		

Les couches 1 et 2 appartiennent au Calcaire de Brie ; la couche 3 représente l'horizon des Marnes à Huîtres ; les Faluns de Jeurres correspondraient au n° 4 et les assises 5, 6 et 7 aux sables à galets de Morigny.

A peu de distance de cette sablière, au hameau des Grès, les calcaires siliceux de la Brie avec Planorbes et Limnées ont été trouvés vers la cote 107, dans le forage d'un puits.

Non loin de là, dans le parc de Lumigny, se dresse la butte de ce nom qui s'élève à la cote 157, altitude que n'atteint aucun des mamelons sableux des environs ; j'y ai reconnu l'existence du *Calcaire de Beauce* (*Aquitanien* m,) jaunâtre, bréchoïde et contenant des fossiles d'eau douce (*Limnæa, Planorbis*). C'est un nouveau jalon qui marque dans cette direction l'étendue de l'ancien lac de Beauce.

J'ai également exploré, en compagnie de M. Munier-Chalmas, la vallée de la Voulzie, aux environs de Longueville.

La Tourbe a^2 y est exploitée sur 5 à 6 mètres d'épaisseur à quelques centaines de mètres au sud du viaduc de Longueville. La base des coteaux est formée de craie blanche à *Belemnitella mucronata, Ostrea vesicularis* et *Micraster* sp. (*Sénonien c^8*). A Chalautre-la-Petite, j'ai trouvé *Rhynchonella limbata*, qui accompagne souvent dans d'autres régions le *Micraster coranguinum*. Au dessus, existent des sables fins, blancs ou grisâtres à la base, jaunes et glauconieux au sommet ; on y trouve aussi des sables bruns, grossiers, très quartzeux, présentant une stratification inclinée, entrecroisée, d'aspect fluviatile. Ils sont surmontés par une masse d'argile plastique grise ou noire, d'épaisseur variable et atteignant 15 mètres aux Grattons (*Sparnacien e_{iv}*). La partie supérieure, ordinairement grise, est souvent réfractaire ; elle sert à la fabrication de la *faïence* dite de Montereau (Longueville, Septveilles, Poigny) ; au dessous l'argile, qui est moins pure et plus sableuse, est exploitée pour tuiles et poteries ; elle se charge de calcaire et de pyrite à la partie inférieure et devient impropre à l'usage industriel. Des lignites terreux reposent sur ces glaises, qu'ils ont ravinées, et supportent un ensemble de sables, d'argiles, de marnes et de calcaires que l'état actuel des exploitations nous a empêché d'observer avec assez de précision pour les classer.

Toute la partie supérieure des coteaux est formée de calcaires compactes ou bréchoïdes, grenus ou spathiques, parfois sublithographiques. Certains bancs servent à la fabrication de la chaux grasse (Provins, Poigny, Les Grattons) ; d'autres fournissent aux sucreries l'acide carbonique nécessaire à la décantation de leurs produits, et les plus durs sont employés dans les constructions (Saint-Loup, Sainte-Colombe, Poigny, Chalautre-la-Petite et Provins). Dans ces calcaires, qui présentent une certaine homogénéité, on peut distinguer une stratification nette, apparente et assez régulière. Mais la rareté des fossiles trouvés jusqu'ici : *Lampania pleurotomoides*, *Potamides tricari-natus*, et le mauvais état de conservation des autres ne m'a pas encore permis de reconnaître s'ils appartiennent au Ludien, au Bartonien ou au Lutétien. Le sommet paraît identique au *Travertin de Champigny*, mais sa limite inférieure reste à déterminer.

On doit espérer que la construction de la voie ferrée qui va relier Provins à Esternay fournira la solution de cet intéressant problème.

DÉTROIT DE LANGRES

FEUILLE DE BEAUNE

PAR

M. COLLOT

Professeur à la Faculté des sciences de l'Université de Dijou
Collaborateur adjoint.

Les explorations de 1897 ont eu lieu principalement dans la région jurassique située à l'ouest de la ligne de Nuits à Chagny, en passant par Beaune (quart sud-ouest de la feuille). Cette région constitue un plateau qui domine à l'ouest les plaines, de Lias et les vallons de Trias et roches cristallines étendus d'Arnay-le-Duc à Épinac. À l'est, le bord du plateau regarde vers la plaine bressane remplie de sédiments oligocènes, pliocènes et quaternaires.

De longues failles à peu près nord-nord-est, dont les raccordements ou les intersections sont difficiles à observer au milieu des bois, séparent ce plateau en une bande occidentale bathonienne et une bande orientale où le Corallien forme la surface. La région bathonienne verse ses eaux vers le nord, dans l'Ouche, du moins pour la plus grande partie. Le plateau corallien découpé par de nombreuses vallées dont les flancs et le fond sont constituès par l'Oxfordien et même par le Bathonien, est situé vers Nuits au même niveau que le bathonien de l'ouest, mais il s'abaisse au sud de manière à laisser à découvert le soubassement du bathonien le long de la faille séparative. Les têtes des vallées pénètrent dans ce soubassement et en plusieurs points, sous la falaise de bathonien et de bajocien, on voit apparaître non seulement le Lias, mais même le Trias, sur la ligne qui va de Mandelot, dans l'ouest de Beaune, à Larochepot, près Nolay.

Les étages de la région étudiée présentent quelques changements de faciès par rapport au pays situé au nord, et qui méritent d'être notés.

Le trias de Mandelot montre d'abord des grès plus ou moins feldspathiques, puis des marnes versicolores probablement gypsifères en profondeur, car le gypse existe au nord (Mesmont) à l'ouest (Ivry) et au sud (feuille de Châlons). Des calcaires magnésiens sont intercalés dans les marnes.

L'Infralias, dont les coupes ne sont pas nettes, est formé, comme dans les régions voisines, de grès fins, siliceux, de marnes et de calcaires. Le Sinémurien a sa composition constante de calcaire à gryphées arquées, avec Ammonites ; 6 mètres environ. Le Charmouthien, le Toarcien ne montrent pas, non plus, de modifications.

Le Bajocien renferme moins de calcaires à entroques dans la haute vallée de l'Ouche, à Mandelot, Meloisey, que dans la feuille de Dijon. Plus au sud autour de Nolay, il paraît reprendre son état de calcaire à entroques prédominant. Dans les premières localités, ce sont souvent des calcaires compacts en bancs de médiocre épaisseur, séparés par des délits schisteux. Des bancs de polypiers plats, principalement thamnastréens, avec *Pecten virguliferus* Phil., se rencontrent dans la partie supérieure, dans les environs de Bligny-sur-Ouche, à Cussy-la-Colonne. Dans les marnes intercalées abondent *Cidaris cucumifera, Extracrinus Babeaui.* Sur Mandelot, dans la tranchée du tramway, la base du Bajocien disparaît derrière les marnes du Lias supérieur par une petite faille. On voit d'abord des calcaires à Entroques et des calcaires gris, grenus, à *Cidaris cucumifera,* puis des calcaires à silex allongés dans le sens vertical, surmontés, sans transition ménagée, de calcaires marneux, grumeleux, fossilifères. J'y ai recueilli : *Belemnites sulcatus* Mill. in pal. fr. *Ancyloceras sauzeanum* d'Orb., *Zeilleria Waltoni* Dav., *Terebratula Buckmanni* Dav., *Rhynchonella quadriplicata* Ziet., *Homomya, Pleuromya tenuistria* Goldf. sp., *Gervilia acuta, Modiola gibbosa* Sow., *Collyrites ringens.*

Au dessus sont les marnes à *Ostrea acuminata.* Les silex allongés verticalement se retrouvent dans une carrière au dessus du hameau de Voichey, près Bligny-sur-Ouche, dans des couches renfermant *Ammonitas Blagdeni.*

La terre à foulon ne comprend dans cette partie méridionale de la feuille que peu de bancs marneux à *Ostrea acuminata* à la base, comparativement aux pays situés au nord. Auprès de Veuvey et de Thorey-sur-Ouche, les bancs supérieurs à l'*Ostrea acuminata,* ne renfermant d'autres fossiles que quelques rares Pholadomyes, sont exploités pour chaux hydraulique, comme dans le nord de la feuille et dans celle de Dijon. Plus haut les calcaires cessent d'être marneux, sont en petits bancs grenus, gris ou rosés ; ils renferment de nombreux nodules de silex irréguliers, généralement aplatis le long de la côte (Nuits, Premeaux). Les silex sont moins abondants dans la haute vallée de l'Ouche, où il y a un peu de dolomie siliceuse à la partie supérieure de cette assise. Le long de la côte l'oolithe blanche, un peu crayeuse, succède à ces dalles à silex. Dans la haute vallée de l'Ouche des bancs à Entroques de petit calibre, rappelant certains calcaires bajociens, s'associent à l'oolithe, surtout à sa partie inférieure. Ce faciès se prolonge au sud dans la feuille de Châlons.

Le Bathonien moyen se termine par des calcaires compacts, à peu près blancs, à grain très fin, semés de grosses pisolithes qui se fondent par leurs bords dans la pâte, et de petits polypiers, de Nérinées et autres Gastropodes, ayant souvent servi de centre à ces pisolithes. Cette pierre très résistante, prenant bien le poli, est recherchée pour le grand appareil, notamment dans les soubassements. Elle est activement exploitée dans les carrières de Nuits, Comblanchien, Corgoloin : elle est connue sous le nom de pierre de Comblanchien.

Dans la région occidentale, qui comprend la haute vallée de l'Ouche, au moins en descendant jusqu'à Veuvey, et le plateau entre Bligny et Nolay, cette assise perd son unité. En effet, les premiers bancs durs, compacts, qui recouvrent l'oolithe blanche, font bientôt place à une assise marneuse, à Myacées. La première fois que j'ai rencontré cette assise, dans des circonstances où son recouvrement par de nouveaux bancs, plus nombreux que ceux qui la supportent, de calcaire blanc compact, n'était pas évident, je me suis cru en face des bancs marneux du Bathonien supérieur. Le faciès pourrait aussi entraîner une confusion avec les bancs qui surmontent immédiatement l'*Ostrea acuminata*. On évitera ces erreurs en remarquant : 1° que l'horizon marneux en question est nettement supérieur à l'oolithe blanche, qu'il est intercalé dans la grande assise de calcaires compactes, très près de leur base, et non placé au dessus de la totalité de leur épaisseur et séparé même d'eux par des lits de calcaire grenu et oolithique gris ; 2° qu'il ne renferme pas *Pholadomya divionensis*, *Zeilleria digona*, les Bryozoaires qui abondent dans le Bathonien supérieur. A la descente de Bécoup à Pont-d'Ouche, sur Bligny, au bord du plateau sur Meloisey, j'y ai recueilli :

Natica. — *Homomya Vezelayi* Lajoye in d'Archiac et in Martin. — *Pholadomya deltoïdea* Sow. — *Ph. lirata* Sow. — *Mactromya.* — ? *Gresslya (Myacites) calceiformis* Phil. in Morris et Lyc. — *Ceromya plicata* in Mor. et Lyc. — *Unicardium?* — *Cardium Buckmanni* Mor. et Lyc. — *Corbis Lajoyei* d'Arch. — *Lucina bellona* in Mor et Lyc. — *L. crassa* in Mor. et Lyc. — *L. bellona* var. *depressa* Mor. et Lyc. — *Trichites.* — *Pecten lens* in Mor. et Lyc. — *Terebratula intermedia.* — *T. globata* Sow. in Haas et Petri, pl. IX, f. 4.

Le Bathonien supérieur se poursuit avec les caractères de la feuille de Dijon jusqu'au sud de Beaune : calcaires bleuâtres en profondeur, gris ou roux pâle à la surface, grenus ou finement oolithiques, avec débris de fossiles et souvent beaucoup de Bryozoaires. La marne à *Eudesia cardium* de la feuille de Dijon a totalement disparu de la base, mais deux principaux niveaux marneux subsistent partageant les calcaires en trois parties. Ces marnes sont riches en fossiles, bien que la faune soit peu variée : *Pholadomya divionensis* Martin, *Ph. lirata* Sow., *Terebratula intermedia*, *T. divionensis*, *T. digona*, *Rhynch. varians*, Bryozoaires. Des polypiers réunis y forment parfois des miniatures de récifs. Dans le calcaire roux, à Ladoix, j'ai trouvé un caillou enchâssé, qui était de quartz gras, grisâtre, bien roulé, transporté probablement du rivage à ce point par quelque bois flotté.

A partir de Meursault des dolomies grises, cristallines, s'intercalent dans cette assise. Elles sont exploitées près de Blagny, au sud-ouest de Meursault, pour la fabrication du verre et pour la déphosphoration de la fonte. Il en est de même au sud de Gamay, qui est déjà dans la feuille de Châlons, où elles prennent plus d'importance. La coupe suivante indique leur position à Blagny :

a) en bas, oolithe blanche très fine, non crayeuse ;

b) 2 mètres, calcaire dur ;

c) 10 mètres, alternance de calcaire marneux fissile, gris, avec petits bancs calcaires plus durs ;

d) 12 mètres, calcaire dur, blond ou rosé, quelquefois presque blanc, massif, à grain irrégulier, un peu poreux, devenant oolithique dans le haut, exploité ;

e) 6 mètres, dolomie ;

f) calcaire roux grenu, en petits bancs, présentant les caractères ordinaires de J₁.

Dans *c)* j'ai recueilli : *Pholadomya socialis* in Mor. et Lyc. ; *Quenstedtia lævigata* Mor. et Lyc. (non *Psammobia lævigata* Phil.) légèrement plus large et plus arrondie en avant que la figure des auteurs anglais; *Ostræa costata*; *Terebratula* cf. *intermedia* ; *T. digona* var. *emarginata*; *Hemicidaris luciencis*?

Le calcaire callovien, épais de quelques décimètres au plus, manque souvent. L'Oxfordien à oolithes ferrugineuses et *Ammonites cordatus*, peu épais lui-même, est surmonté par des calcaires grumeleux à *Balanocrinus subteres* et Spongiaires. Ces bancs, à Beaune et au sud, sont panachés de rouge, tandis que plus au nord ils sont gris. Ils passent, à Beaune, par leur partie supérieure, à des calcaires rouges, exploités pour chaux hydraulique à la carrière des Marconnets. Quelques lits gris, plus calcaires, renferment *Pentacrinus alternans* Roem. in pal. fr., *Extracrinus buchgauensis* Carl. in pal. fr. On trouve aussi, par exemple sur le chemin de Beaune à Bouze, des calcaires gris à entroques rappelant soit le Bathonien supérieur, soit même le Bajocien. Ce faciès est spécial aux environs de Beaune, car les marnes grises de l'orfordien supérieur, telles qu'on les trouve dans la feuille de Dijon et dans le nord de celle de Beaune, arrivent, au nord de Beaune, bien près de cette ville ; et au sud, dans la vallée de Meursault à Saint-Romain et à Larochepot, le faciès marneux est bien reconnaissable. Entre Beaune et Savigny des calcaires oolithiques plus ou moins blancs, à *Cidaris florigemma*, paraissent succéder immédiatement aux calcaires roses précités, tandis qu'entre Beaune et Pommard, des dolomies, des calcaires lithographiques bien lités, avec minces filets de fines oolithes, des lits de pisolithes, des dolomies, avec *Mitylus subpectinatus*, s'intercalent entre les calcaires précédents et l'oolithe blanche. Ces assises ne présentent presque pas de fossiles et le peu qu'il y a est dépourvu de signification précise. La limite entre l'Oxfordien et le Rauracien est par conséquent un peu flottante dans cette région. Quoi qu'il en soit de cette limite, il y a une masse importante de calcaire oolithique généralement blanc qui forme la partie la plus importante de l'étage rauracien et couronne les coteaux entre les ruisseaux qui traversent la côte beaunoise pour s'écouler vers la Saône. L'oolithe est parfois grossièrement pisolithique, d'autres fois fine et dure, en bancs bien réglés ; elle prend une teinte rose et peut être exploitée comme marbre (Saint-Romain).

FEUILLE DE CHATILLON

PAR

M. MAISON
Ingénieur des Mines, Collaborateur adjoint.

Nous avons pu, pendant la campagne de 1897, achever nos excursions sur la feuille de Châtillon-sur-Seine. Après avoir exploré les angles nord-est et sud-est, que nous avions laissés de côté l'année dernière, nous avons été conduit à faire des courses d'ensemble et de révision générale sur toute la feuille. Nous réunissons en ce moment nos notes pour préparer la minute de cette feuille ; nous ne dirons donc que quelques mots, dans les comptes rendus, pour signaler d'abord quelques modifications que nous avons dû apporter à nos contours de l'année précédente.

Si l'on suit la zone d'affleurement du Bathonien moyen, qui s'étend sur une large bande du nord-est au sud-ouest, on voit que son épaisseur totale est sensiblement constante, mais que sa composition se modifie profondément, ce qui imprime d'ailleurs à l'allure orographique du pays un aspect varié. Dans toute la région de l'est, au nord de la ligne de Poinson-Beneuvre à Langres, la zone supérieure compacte J_{IIa} a une importance prépondérante ; la zone tendre de la grande oolithe J_{IIb} est très réduite et n'a fréquemment que de 15 à 20 mètres de puissance. Aussi le pays est-il constitué par une série de plateaux de calcaires compacts J_{IIa}, qui se terminent en pentes abruptes le long des vallées étroites découpées par l'érosion, et c'est seulement sur les flancs de ces vallées que l'on voit affleurer l'oolithe bathonienne. Dans le Châtillonnais, c'est l'inverse qui se présente : la zone oolithique atteint jusqu'à 60 mètres d'épaisseur. En étudiant de plus près la composition des couches calcaires, nous avons reconnu que les bancs oolithiques à teinte rosée, assez durs, non gélifs, se rencontraient à différents niveaux. Tandis que, par exemple, à Magny-Lambert et à Nod-sur-Seine, ces bancs se trouvent au voisinage de la base de la grande oolithe, on les rencontre, au contraire, près du sommet à Coulmier-le-Sec, Ampilly-le-Sec, Montmoyen et Beaunotte, et, bien

que tous ces calcaires, si largement exploités, aient, au point de vue industriel, des caractères qui les différentient bien nettement, il y a dans leur texture, leurs faciès, une similitude qui ne permet guère de les séparer d'étage.
Nous les avons donc tous rattachés à la partie inférieure du Bathonien moyen.

Déjà, à la suite de la campagne de 1896, nous avons été conduits à rattacher au Rauracien certaines couches que primitivement nous avions classées
dans l'Oxfordien. A la suite d'une étude plus approfondie et de nouvelles explorations, nous avons abaissé encore la limite des deux étages, qui, du
nord-est au sud-est, suit une ligne oblique dans le temps, ainsi que vient de le
démontrer récemment M. de Grossouvre (Oxfordien et Rauracien de l'est et du
sud-est du bassin de Paris, *Bull. Soc. géol.*, 1897).

Sur la feuille, les marnes et calcaires à spongiaires de Châtillon-sur-Seine
font encore partie de l'Oxfordien, puisque l'on y trouve *Amm. Henrici*, *Amm.
canaliculatus*. Nous avons, à la partie supérieure, limité le Rauracien aux calcaires blancs à *Amm. marantianus* qui forment un horizon continu de Créancey
à Mussy-sur-Seine. Les marnes et calcaires marneux à *Terebratula humeralis
Pholadomya Protei, Amm. Achilles, Pinna granulata, Mytilus perplicatus* qui
les surmontent ont été rattachés par nous à l'Astartien ou Séquanien J^4 dont
la séparation avec le Rauracien se trouve dès lors au dessous des carrières de
pierres à chaux hydrauliques de Mussy-sur-Seine et de Gomméville. Il en
résulte que les bancs coralligènes de Noiron-sur-Seine, qui sont au dessus de
ces couches, sont Astartiens et non Rauraciens, ainsi que l'avait d'ailleurs
supposé M. de Grossouvre dans sa note ci-dessus rappelée.

Enfin nous signalerons entre Villemoron et Chatoillenot, une faille très importante, qui se prolonge sur la feuille de Dijon et principalement sur celle de
Langres, et qui a brusquement relevé, au nord, toute la série jurassique.
Elle a amené à un niveau sensiblement supérieur à celui des plateaux boisés
de sa lèvre inférieure, formés par les calcaires compacts J_{11a}, un vaste affleurement de calcaire à entroques qui constitue la falaise bajocienne du plateau
de Langres. Les couches ont conservé leur inclinaison vers le nord-ouest ;
mais toutefois, à peine relevées, elles ont été de nouveau abaissées par une
seconde faille, dont on voit très bien la trace dans la tranchée du chemin de
fer de Poinson à Langres, un peu avant la station de Vaillant, presque au niveau qu'elles auraient eu, étant donné leur pendage, sans cette double bri-
sure.

A partir de cette faille, les assises bathoniennes reprennent leur allure
régulière et vont disparaître sous les combes oxfordiennes qui bordent la
ligne de Châtillon à Chaumont.

DÉTROIT DE POITIERS

FEUILLE DE CONFOLENS

PAR

M. L. De LAUNAY

Ingénieur des Mines, attaché au Service central.

Nos tournées de 1897 ont porté sur la feuille de Confolens, qui, selon nos prévisions, est actuellement terminée et donnée à la gravure.

Ainsi que nos courses précédentes nous l'avaient fait penser, cette feuille est remarquable par l'abondance extrême des roches à amphibole (amphibolites, diorites et granites à amphibole), qui n'y avaient été pourtant signalées antérieurement que comme des accidents exceptionnels.

Entre le granite à amphibole (qui lui-même se rattache au granite) et la diorite, on peut y observer toutes les transitions, notamment dans le massif assez complexe situé entre Confolens et Saint-Germain, sur la rive gauche de la Vienne. Il semble donc y avoir, entre ces trois roches, une communauté d'origine, les divergences paraissant tenir à l'intervention d'éléments étrangers, peut-être d'origine sédimentaire, repris et recristallisés dans ces magmas.

D'autre part, les grands massifs de diorite se rattachent eux-mêmes très intimement aux amphibolites schisteuses en bancs minces, interstratifiées au milieu des terrains précambriens. On pourrait presque dire que la différence de structure et de grosseur de grain, qui distingue ces deux groupes de roche, tient surtout à l'épaisseur de leurs bancs interstratifiés dans les schistes métamorphiques. Quand ces bancs sont minces et ne dépassent pas 1 ou 2 mètres, on a des amphibolites schisteuses ; si le massif devient plus développé, la roche prend une texture granitique et passe à la diorite.

A l'appui de cette idée, on remarque constamment, dans ces grands massifs de diorite cristalline, dont les dimensions sont comparables à celles des massifs granitiques, des parties schisteuses et zonées, irrégulièrement disposées au milieu de l'ensemble et provenant évidemment de lambeaux schisteux englobés dans la roche ; il en est, par exemple, des cas tout à fait typiques en face de Manot.

Enfin, dans le granite proprement dit, qui renferme, comme dans toutes les régions où il est en contact avec des schistes métamorphiques, des lambeaux plus ou moins gros de ces schistes pincés dans sa masse et gardant leur structure zonée, on observe parfois, en ces régions à roches amphiboliques, que ces lambeaux sont eux-mêmes des amphibolites ou des diorites.

Tout cet ensemble de faits nous conduit à chercher une connexion entre les diverses roches que nous venons d'énumérer et à attribuer, dans leur formation, un rôle prépondérant au métamorphisme.

Selon nous, ce qui a dominé d'abord dans la région, ce sont les schistes métamorphiques, plus ou moins mélangés de calcaires, de grès, et même de poudingues (dont nous avons signalé l'an dernier l'existence au nord-est de la feuille). Les influences, dont nous ignorons encore la nature exacte, qui ont produit, au milieu de ces terrains, des cristallisations granitiques, ont incomplètement et inégalement absorbé, assimilé, transformé les éléments de ces terrains.

Là où cette influence est restée très faible, on retrouve aujourd'hui des schistes métamorphiques, passant plus ou moins aux micaschistes et aux gneiss.

Ailleurs, quand les apports feldspathiques, peut-être sous forme de dissolutions dans les carbonates alcalins, ont été plus abondants et plus continus, quand la refusion a été plus complète, il se serait produit, dans cette hypothèse, suivant que la silice ou les bases dominaient, des granites ou des diorites, parfois le cas intermédiaire qui est le granite à amphibole et, dans l'une et l'autre roche, des fragments schisteux, non digérés, non absorbés, sont restés pris dans la roche cristalline, où on les retrouve avec leur schistosité primitive, en fragments plus ou moins volumineux.

En dehors de cette question de première importance, à savoir l'origine des roches qualifiées autrefois de primitives, pour laquelle la feuille de Confolens présente un bon champ d'études, cette région offre un exemple admirable de dislocations suivies par des filons de quartz.

Elle est, en effet, traversée de part en part, sur plus de 60 kilomètres de long, par une grande faille nord-ouest-sud-est, dont M. Welsch a retrouvé le prolongement précis dans les terrains secondaires : faille suivie, sur toute la largeur des terrains cristallins et métamorphiques qu'elle rejette visiblement, par un de ces beaux filons de quartz aux allures ruiniformes, si fréquents dans le nord du Plateau Central.

Notre feuille permet de suivre exactement l'allure de cette dislocation, qui, en certains points, zigzague, légèrement, ou se bifurque. Elle est accompagnée, surtout du côté sud, par toute une série de filons quartzeux parallèles de moindre importance, qui semblent découper les terrains par copeaux. Dans l'ouest, d'autres filons de quartz, de direction tendant progressivement vers le nord-sud, semblent tourner peu à peu autour d'Abzac, en aboutissant à la ligne de fracture actuellement suivie par la vallée de la Vienne, qui est une ancienne ligne de faille, jalonnée par des quartz quelquefois barytiques et plombifères.

Enfin, de Chirac vers Lesterps, un autre filon de quartz d'une douzaine de kilomètres de long vient recouper le système précédent à angle droit.

Nous sommes évidemment là en présence d'un accident très important dans le grand système de cassures en dents de scie qui a affecté tout le nord du Plateau-Central (fracture de St-Eloy, fracture d'Ahun, etc.), et dont nous avons déjà plus d'une fois signalé tout l'intérêt tectonique.

On peut le comparer aux traînées de quartz (*Pfahl*) étudiées par M. Suess dans l'Erzgebirge et il est intéressant de remarquer ici que ce filon-faille a tout au moins rejoué à l'époque tertiaire, puisqu'il affecte les terrains secondaires, c'est-à-dire qu'il marque probablement, dans cette partie tout à fait occidentale du Plateau Central, le retentissement, sous forme de dislocations, des mouvements alpins.

FEUILLE DE BRESSUIRE

PAR

M. A. FOURNIER
Préparateur à la Faculté des sciences de l'Université de Poitiers
Collaborateur auxiliaire.

Bathonien. — Le Bathonien supérieur réapparaît au nord de la feuille. On voit des calcaires gris jaunâtres avec bandes de rognons siliceux à différents niveaux former les rives escarpées de la Dive, en aval du confluent de la Briande.

Ces calcaires s'étendent, sur la rive droite, du côté d'Oiron et dans le vallon de Leugny; sur la rive gauche, on les suit jusqu'à Chassigny, formant la majeure partie d'un petit mamelon recouvert d'une couche assez puissante d'argile rougeâtre, peut-être analogue à l'*argile pictavienne* du détroit du Poitou.

Callovien. — Le Callovien à *Am. anceps*, comprenant toujours 1 mètre ou 2 de calcaire plus ou moins marneux blanc, à oolithes ferrugineuses, forme une bande étroite qui contourne, au nord-est, la hauteur de Brie et la butte d'Oiron.

Ces calcaires oolithiques sont surmontés par les calcaires en platies à grandes ammonites du groupe de *Am. athleta* et *Am. Duncani* avec couches de marne blanchâtre et forment toutes la plaine au nord de Saint-Jouin-lès-Marnes. Je les ai reconnus à Noizé, Bilazais et Oiron, où ils sont exploités; autour de Brie et à la Roche-Briande, située au sud d'Arçay (feuille de Saumur), point où se voit encore des dolmens en bon état de conservation.

Oxfordien. — Les couches de l'Oxfordien proprement dit, à *Am. cordatus*, si elles existent, ne sont pas mises à jour dans toute la plaine basse qui borde la rive gauche de la Dive, au nord et à l'est de Moncontour ; je n'y ai vu que les marnes grises argoviennes à *Am. canaliculatus* que surmontent les calcaires et les marnes du Rauracien à *Am. bimammatus* et *Am. marantianus*.

C'est dans cette plaine oxfordienne, au nord de Moncontour, que la Dive s'étale et forme ses marais avant de franchir la vallée resserrée du Bathonien signalée plus haut.

Astartien ou **Séquanien**. — Les calcaires blancs qui surmontent les couches à *Am. marantianus* forment une bande qui s'étend du nord de Saint-Jean-de-Sauve jusqu'à Saint-Cassien, sur la rive gauche de la Briande (affluent de la Dive), envoyant des digitations à l'est, dans la forêt de Scévolle et le bois d'Angle : une vers les Hautes et Basses-Challeries (Chauleries), une autre vers La Guérinière, une troisième circonscrivant au sud et au sud-est le château et le village de Triou.

Ces calcaires semblent être traversés par une faille abaissant les couches à l'est. Cette faille, que jalonneraient des poches de sable cénomanien à Midouin et à l'est de Saint-Clair, se dirigerait vers Puiravault, à l'est du château de Billy et, de là, passerait à l'ouest de Mirebeau et vers Amberre. C'est à la hauteur de ce hameau que, le long de cette faille, se produirait le décrochement de celle de Noiron, signalé l'an passé.

Cette dernière paraît devoir se continuer, par la vallée haute de la Dive, dans la direction de Marne et de Saint-Jouin.

Cénomanien. — *a)* Sables et grès à *Orbitolina concava*. — Les sables du Cénomanien inférieur, reconnus dans cette campagne, couvrent une grande superficie de terrain entre Chouppe, au sud, et le Bouchet, au nord. On les voit à Angliers, dans le bois de ce nom, à Guesnes, dans le bois de la Chaussée et sur presque toute la forêt de Scévolle.

b) Grès et sables marneux à Ostracées. — Les couches de ce niveau dessinent une bande oblique qui borde les hauteurs de La Chapelle à Mont-sur-Guesne ; elles occupent le fond de deux vallons, au nord-ouest et au sud-est de Dercé et, plus au sud, forment entièrement l'îlot de Dandesigny qui s'étend de La Chapelle de la Roche, au sud-ouest, au château de Purnon, au nord-est.

Au dessus des sables verts du Cénomanien inférieur, on voit une couche assez épaisse de marne grisâtre avec *Ostrea columba media, Ostrea carinata, Ostrea biauriculata,* surmontée par des bancs de grès grossier.

Les environs de Monts-sur-Guesne montrent très bien cette superposition : les grès y forment une terrasse dont le flanc est à pente raide et sur laquelle sont ouvertes des carrières. La craie à *Inoceramus* les surmonte formant une pente plus douce jusqu'à la ville de Monts, tandis que le flanc sud-ouest de la terrasse, formé par les marnes grises, que recoupe en plusieurs points la ligne de Loudun à Châtellerault, descent s'appuyer sur la plaine formée de sable vert.

C'est sur ces marnes, à la base de la terrasse de grès, que se trouvent les petites sources ou fontaines du pays.

Turonien. — *a*) La craie marneuse à *Inoceramus labiatus* occupe le coin nord-est de la feuille, de Monts-sur-Guesne à Dercé. On en trouve aussi un petit lambeau sur la hauteur du château de Purnon, au nord-est de l'îlot de Dandesigny.

b) La partie inférieure du tuffeau est exploitée en carrières souterraines à l'est de Monts-sur-Guesne. Elle ne couvre, en ce point, qu'une très faible surface et sa puissance parait aussi très réduite par suite de l'érosion.

Alluvions anciennes. — Dans la vallée de la Dive, formant de petits mamelons ou couronnant de petites buttes, entre Marnes et Brie, des alluvions anciennes se montrent, formées de graviers, de cailloux siliceux et surtout de fragments calcaires, que l'on exploite au sud de Moncontour, sur la rive gauche de la Dive, ainsi qu'au sud de Brie, près des Loges et de la Vacherie.

FEUILLE DE BRESSUIRE

PAR

M. F. WALLERANT

Professeur à l'École normale supérieure
Collaborateur adjoint.

Pendant la campagne de 1897, j'ai eu à terminer la partie sud-ouest de la feuille de Bressuire, où j'ai retrouvé les prolongements des bandes de la partie nord ; le résumé de mes observations peut donc se faire en peu de mots.

Du nord au sud, on rencontre une lentille de Microgranite à amphibole, présentant au point de vue du gisement tous les caractères d'un granite, mais montrant au microscope deux temps de consolidation très nettement distincts, le quartz du deuxième stade étant pegmatique.

Puis viennent successivement une bande de schistes micacés, et une lentille de granite gris dont l'extrémité sud-est est injectée par la granulite qui forme le massif suivant. Un point intéressant à signaler est la flexion vers la direction nord-sud que prend ce massif à son extrémité orientale. Cette flexion est encore plus accentuée dans les bandes de schistes et la lentille de granite que l'on rencontre ensuite.

Ce granite offre une modification d'un intérêt assez marqué : au niveau de Amailloux apparaissent des salbandes exclusivement formées d'amphibole et de feldspath, la partie centrale étant à l'état de granite amphibolique ; entre Adilly et Saint-Germain-de-Longue-Chaume les deux salbandes se réunissent et se séparent à nouveau plus au sud pour laisser voir le granite.

Le massif de granulite qui vient ensuite est constitué par une roche à gros cristaux de feldspath ; le mica blanc est généralement abondant, mais dans la partie occidentale cependant, entre Largeasse et Absie, il devient plus rare et la roche prend à l'œil l'aspect d'un granite franc.

Les phyllades réapparaissent de nouveau, gneissiques à l'est, nettement argileux au contraire du côté de Scéllé, dont le ruisseau coule entre deux bancs de quartzite.

FEUILLE DE NIORT

PAR

M. Jules WELSCH
Professeur à la Faculté des sciences de l'Université de Poitiers
Collaborateur adjoint.

Je renvoie au compte rendu de l'an dernier pour l'énumération des terrains que j'ai eu l'occasion de rencontrer.

Une série d'excursions faites à l'est de la feuille de Niort, dans le milieu du détroit du Poitou — autour de Couhé, Payré, Vivonne, Lusignan — m'a donné quelques résultats pour l'étude du jurassique moyen dans les vallées du Clain, et de ses affluents : la Bouleure, la Dive de Couhé, la Vonne, le Palais, etc.

Bajocien et **Bathonien**. — On trouve sur le Lias supérieur :

A. — 4 à 5 mètres de *calcaires marneux* jaunâtres avec délits schisteux et gréseux à la séparation des bancs ; ils représentent le passage du Toarcien au Bajocien. A la partie supérieure, j'ai trouvé un fragment d'Ammonite voisine d'*A. Murchisonæ*, au bas de la côte de Payré.

B. — *Calcaires à silex* épais de 15 mètres à Payré. — A la base, les silex sont souvent petits, isolés, quelquefois gris bleu, souvent farineux à leur surface et aux affleurements des couches — avec *A. Murchisonæ* à Payré.

Dans la partie moyenne, les silex sont de couleur claire et plus gros, formant de véritables bancs continus, quelquefois épais de 40 à 60 centimètres. Ces silex affleurent à Payré, à Villenon (gare de Voulon), à Ceaux sur la Bouleure, dans les tranchées du chemin de fer de Voulon à la gare de Couhé.

La partie supérieure est formée de calcaire gréseux, quelquefois suboolithique, ou spathique, à silex moins nombreux. Ces derniers sont souvent jaune brun, comme au Pont de Valence — dans la tranchée de Pioussay, près Voulon — à la Salle au sud de Vivonne, etc.

Cette assise de *calcaires à silex* peut se voir notamment dans le vallon de Pontreau sous le château de Monts-en-Couhé — et elle représente la zone à *A. Murchisonæ* et non pas la zone à *A. Sauzei*, comme on l'a imprimé.

C. — 8 mètres environ de calcaires sans silex, avec souvent des traces de fossiles. A la base on voit un banc noduleux qui renferme des fossiles à 60 centimètres sur les silex précédents ; j'ai trouvé là :

Amm. (Lioceras) concavus Sow.	*Ostrea Buckmani*
A. (Haplopleuroceras) subspinatus S. Buck.	*Lima*
(Sonninia) aff. *acanthodes* S. Buck.	*Trichites*
— aff. *umbilicata* —	*Terebratula*
Trigonia	*Clypeus*

Souvent, à la base, ces calcaires sont en petites dalles, puis en gros bancs épais ; on y voit de nombreuses traces de fossiles sur les surfaces usées (*Trigonia, Pecten, Lima*, etc.) ; ils sont quelquefois suboolithiques, ou à nombreuses cassures spathiques.

C'est à ce niveau qu'à Marnay, M. le Dr Constantin a trouvé des Amm. voisines de *Sonninia Sowerbyi*.

D. — 8 mètres *calcaires à silex* visibles en face l'abbaye de Couhé — dans les carrières de la Bouleure — à la gare de Couhé — au Puits de Bert, etc. La partie moyenne des bancs exploités à Valence-en-Couhé appartient à cette zone.

J'ai trouvé dans les déblais des carrières de Valence :

Stomechinus bigranularis? Desor   *Rhynchonella plicatella*
Terebratula sphæroïdalis
—   sp.
—   sp.

E. — 15 mètres *calcaires sans silex* exploités dans les carrières de Vaux, Roussillon, le haut de Valence, etc. On voit 40 pieds de ces calcaires à Vaux, les bancs inférieurs sont minces, puis ils augmentent jusqu'à 50 centimètres et 1 mètre.

F. — *Calcaires à silex*, visibles ou exploités sur les bords de la Bouleure, au Coteau, à la Raffinière, à Nemageon, etc., c'est-à-dire jusqu'au nord de Brux, près la limite sud de la feuille. Je crois le Bathonien constitué uniquement par ces derniers calcaires à silex.

Callovien. — Au dessus viennent les calcaires blancs schistoïdes fossili-fères du Callovien de Brux, chez Foucher, etc.

L'épaisseur du Bajocien-Bathonien a été fort exagérés par les divers obser-vateurs qui ont étudié ces régions. Car un puits du Coureau ouvert dans les couches D a traversé seulement 27 mètres de calcaires avant le Lias supérieur.

Souvent les couches de *calcaires sans silex* C sont pulvérulentes, blanchis-sent à l'air et ont été exploitées sous le nom de *marnes blanches* le long du sillon de Montfrault-Brossac.

Terrains tertiaires. — Le *terrain de transport des plateaux* p, à nom-breux cailloux roulés de quartz blanc, se montre au nord-est de la feuille entre la Torchaise et le Parc de Montreuil-Bonnin.

Ap. Les *argiles rouges du Poitou* à minerai de fer se montrent sur les cal-caires bajocien et bathonien.

Ondulation du sol et failles. — *Faille de Pamproux.* J'ai constaté l'existence d'une faille dirigée est-ouest, entre le village de Pamproux et le chemin de fer. Cette faille a abaissé le Callovien et l'Oxfordien au sud de la voie.

Anticlinal de Ligugé. — L'an dernier, j'ai donné de nombreux détails sur les dislocations du sol de *direction armoricaine* qui traversent le détroit poitevin. Cette année, j'ai eu l'occasion de constater l'existence de Lias moyen, en un massif siliceux, dans la vallée de la Boivre, dessous le Parc de Montreuil-Bonnin, c'est-à-dire est-nord-est de ce bourg. Il est surmonté du Lias supé-rieur; en amont et en aval, on retrouve les calcaires bajociens le long de la rivière. Ce point est au passage de la ligne de dislocations que j'ai appelé *anticlinal de Ligugé* (*B. S. G. F.*, 3ᵉ série, t. XX, p. 440). — J'ajoute que le gisement de *granulite* signalé à Pont-Aubert, dans la vallée de l'Auxance, sur la feuille de Bressuire, est aussi sur le tracé de cet anticlinal.

Au point de vue des effondrements qui se sont produits par failles le long des anticlinaux de direction armoricaine, depuis longtemps j'ai signalé que l'abaissement brusque des couches était plus grand au nord de l'*anticlinal de Montalembert* que sur le versant sud — pour l'*anticlinal de Champagné*, l'affaissement est aussi un peu plus grand au nord — pour l'*anticlinal de Ligugé*, il y a une faille au nord de Ligugé qui amène un brusque affaissement des couches dans la vallée du Clain au nord de l'axe anticlinal.

FEUILLE DE SAUMUR

PAR

M. Jules WELSCH
Professeur à la Faculté des sciences de l'Université de Poitiers
Collaborateur adjoint.

En 1897, j'ai étudié d'abord la région au nord-est de la feuille, de Loudun vers Bourgueil, au nord de la Loire, puis les environs de Saumur, à l'ouest, jusqu'à la ligne : l'Ortie, Doué, Basses-Fontaines, les Verchers.

Jurassique. — Il occupe au milieu de la carte une bande de Doué vers Loudun et Richelieu. J'ai étudié seulement le Toarcien et le Bajocien au sud-est de Doué et l'Oxfordien au nord-est de Loudun.

Toarcien. — Cet étage repose directement sur les terrains anciens, depuis les environs de Doué jusqu'à Baugé et Hautes-Fontaines. Il est formé de marnes et calcaires marneux, avec des oolithes ferrugineuses quelquefois; les calcaires marneux prédominent vers le haut; il y a souvent une zone de poudingues à la base, c'est l'équivalent du *garrou* et *grison* de Vrines, près Thouars (cf. Compte rendu pour 1896).

J'ai constaté dans cette région la présence de *Ammonites fálcifer*, *A. bifrons*, *Grammoceras* cf. *toarcense*, *Amm. insignis* dans les couches à oolithes ferrugineuses, nombreuses *Dumortieria*, marnes à *Ostrea Beaumonti*, etc.

A partir de ce niveau on peut voir facilement les couches supérieures dans les exploitations de la Croix-Mordet et des fours à chaux de Baugé. A la base, on exploite le banc de *marche d'escalier*, dit *pierre de Baugé*, à *Ostrea Beau-*

monti et *Rhynchonella cynocephala*. Les bancs suivants (carreau, pavé, tendrier, four à banc, couches mêlées, gros rang) sont exploités pour chaux hydraulique. Le four à banc et le gros rang renferment *Amm. opalinus* et terminent le Toarcien.

Bajocien. — Il y a passage graduel au Bajocien dans les carrières de Baugé. Cet étage a une épaisseur très faible; il est exploité pour chaux ordinaire. On y voit une zone de silex spongieux avec *Sonninia* et en haut les bancs de pigeonne à *Terebratula spheroidalis*, *Acanthothyris spinosa* et *Amm. Parkinsoni* var. *rarecostata* Buck.

Bathonien. — Il paraît occuper le plateau de Fierbois vers Brossay et Montreuil-Bellay; on y voit de gros bancs de silex exploités partout pour macadam, notamment à Champ-de-Liveau.

Callovien. — Le calcaire à oolithes ferrugineuses se voit très bien à la Motte-Bourbon.

Oxfordien. — Il se présente au nord-est de Loudun vers Basses, Sammarçoles, Ceaux, etc., sous forme de marnes blanc jaunâtre avec bancs calcaires; les bancs durs prédominent vers le haut; c'est la *galuche* du pays.

Le **Crétacé** comprend plusieurs étages sur lesquels j'ai donné déjà quelques détails l'an dernier. J'ai constaté plus particulièrement l'existence du Cénomanien fossilifère aux Foudis à l'est de Saumur, dans des points voisins de ceux étudiés par d'Archiac en 1846, et j'ai pu subdiviser le Turonien.

Cénomanien inférieur c³ª. — Les *argiles schisteuses micacées* de la base sont exploitées à Champ-de-Liveau par les tuileries de Montreuil-Bellay et de Saumur, à Brossay, à Saint-Hilaire, etc.

Les *sables verts* quartzeux sont très développés au nord-ouest de Montreuil-Bellay; ils disparaissent avant Doué le long de la faille des moulins de Douces.

Cénamonien supérieur c³ᵇ. — Les *marnes à Ostracées* sont très développées au nord de Doué, probablement aux dépens des sables verts inférieurs.

Turonien. — Le *Turonien inférieur* comprend des couches à Inocerames puis le *tuffeau de l'Anjou* avec Ammonites diverses qui ont été décrites par Courtiller. La pierre de taille exploitée est recouverte par un tuffeau très sableux à noyaux siliceux passant à un tuf léger poussiéreux à *Ostrea eburnea* Coq. *Cidaris hirudo* Sor., *Epiaster meridanensis* Cott.

Je range dans le *Turonien supérieur* les deux assises suivantes :

1° Sables fins glauconieux, siliceux pour la majeure partie, avec éléments calcaires et argileux et souvent des nodules siliceux, avec *Cidaris ligeriensis* Cott., *Cidaris sceptrifera* Mantell, *Catopygus obtusus* Desor, *Ostrea eburnea*

Coq. dont les exemplaires deviennent plus rares; on trouve surtout de nombreux individus d'une petite huître allongée, voisine d'*Ostrea Rouvillei* Coq.

2° Craie jaune légèrement glauconieuse avec nombreux grains de sables quartzeux et des plaquettes de silex *jaune brun*; cette craie renferme une quantité considérable de Bryozoaires, qui lui donnent souvent l'aspect d'un falun. On y trouve encore *Periaster Verneuili*, *Ostrea eburnea* plus rare, *Ostrea columba* var. *gigas* Desh. de nombreux moules de bivalves, etc. Les plaquettes siliceuses sont quelquefois pétries de Bryozoaires et d'*Ostrea* cf. *Rouvillei*.

Sénonien. — Au dessus, vient une formation puissante de sables et grès siliceux, absolument dépourvue de calcaire. Les sables peuvent atteindre une épaisseur de 30 mètres; ils sont fins, le plus souvent blancs ou jaunâtres. En général, ils sont dépourvus de fossiles, ou du moins ceux qu'on rencontre sont très friables: ils sont silicifiés et présentent de nombreux orbicules. Après de longues recherches, j'ai pu distinguer vers la base un niveau constant avec lits de gros sable et *Ostrea plicifera* Dujardin, *Ostrea* voisine de *laciniata* Nils., *Ostrea* voisine de *Deshayesi* Fis.

Dans la partie moyenne, on voit des plaquettes de grès silicifié avec Bryozoaires très nombreux.

Vers la partie supérieure, le sable est souvent excessivement fin, très blanc, avec *Rhynchonella* cf. *vespertilio* Broc., *Rhynchonella Baugasii* d'Ort., *Ostrea vesicularis* Lk. formant des bancs: c'est le principal gisement des *Spongiaires* du Musée de Saumur décrits par Courtiller comme Sénoniens: cette zone est quelquefois un peu argileuse.

Immédiatement au dessus, on trouve souvent un banc de *grès blanc* à pavés d'épaisseur variable de 0ᵐ,60 à 2 et 3 mètres: ce banc peut se développer vers la partie inférieure en englobant les sables à spongiaires: à la partie supérieure, il est recouvert quelquefois de sable fin blanc ou de sables argileux épais de quelques mètres, comme à Chenehutte-les-Tuffeaux.

Les coteaux de la rive gauche de la Loire au dessous de Saumur sont constitués par cette série de couches et en général le banc de grès à pavés existe en haut des coteaux, ou bien il est éboulé sur les pentes par suite de l'affouillement des sables.

J'ai constaté la même succession au nord de la Loire; au dessus d'Allonnes, on voit affleurer le tuffeau de l'Anjou exploité en divers points (le Bellay, la Cave de Brain, etc.), le sables verts cᵗᵉ puis les sables sénoniens avec traces de fossiles marins.

Dans cette région, le Sénonien affecte donc un faciès exceptionnel[1]. L'an dernier, j'ai déjà donné cette classification, mais je ne l'avais pas développée. Les sables et grès que je range dans c ont été classés en 1845, par Cacarié, à la base de l'étage tertiaire moyen (niveau de Fontainebleau); en 1846, d'Archiac les a considérés comme tertiaires, et en 1849, dans son *Histoire des*

---

[1] Voir Compte rendu de l'Académie des Sciences du 2 novembre 1897 : *Sur l'âge sénonien des grès à Sabalites andegavensis de l'ouest de la France.*

progrès de la géologie comme de l'époque des *Sables de Fontainebleau*. En 1862, Hébert les a placés au niveau des *Sables de Beauchamp* (*Bull. Soc. géol. fr.*, 2ᵉ série, XIX, p. 460).

Je ne doute pas que mes sables Sénoniens soient les mêmes que ceux indiqués par les auteurs de Beaugé à Clefs sur la route de La Flèche et par Guillier, dans sa *Géologie de la Sarthe*, en 1886, sous le nom de *Sables à silex de la craie* 9ᵖˡ et *Sables et grès à Sabalites* 8ᵖˡ.

Terrains tertiaires. Éocène. — Les *Marnes et calcaires lacustres e,* occupent les plateaux à l'ouest de Saumur, au dessus de Chenehutte, vers Verrie et Milly; les *argiles à meulières* sont développées à Pompierre, etc. Ce lacustre occupe des dépressions dans les sables sénoniens.

Miocène. — Les *faluns* de Doué *m* sont connus depuis longtemps : ils sont très exploités à Douces. La faille du nord de Doué est postérieure à ce dépôt, car j'assimile au falun de Doué l'îlot de falun de Montlouet, au sud de Montfort qui est séparé du reste par la faille indiquée.

Pliocène. — *Terrains de transport des plateaux.* Des îlots d'argile brune avec cailloux roulés de quartz blanc sont visibles en divers points à l'est de Doué.

Cette formation est très développée au nord-est de Montreuil-Bellay à l'état de sables et cailloux roulés.

Terrains quaternaires. — Les *Alluvions anciennes* de la Loire aˡ forment un plateau remarquable de Bourgueil à Brain et Allonnes; l'altitude moyenne est de 40 à 50 mètres.

Les *Alluvions modernes* a² sont en contre-bas de ce plateau sur une largeur de 6 à 7 kilomètres.

Transgression toarcienne. — Elle est visible à Baugé-les-Fours et aux Hautes-Fontaines où on voit le banc de poudingues reposer directement sur les couches anciennes.

Accidents stratigraphiques de *direction armoricaine* :

1º Il y a l'indication d'un *anticlinal* qui passe près de Bourgueil, à partir duquel les couches plongent légèrement au nord, par exemple, dans la vallée de la Loire, vers Tours.

2º *Synclinal de Saint-Florent*, au sud du pli précédent; il suit la Loire de Saint-Florent vers Gennes. Je l'ai indiqué l'an dernier au sud de Saumur; il n'est pas facile à étudier. La vallée de la Loire serait due, de Saumur vers Gennes, à une cassure de la partie sud de ce synclinal et près de son axe.

3º *Anticlinal faillé de Montreuil-Bellay à Baugé et sud de Doué*. Dans les environs de Doué, il y a une série de failles en rapport avec la ligne précédente :

a) *Faille des moulins de Douces*; elle passe au nord de Doué et on voit le Cénomanien butter contre le falun miocène.

b) Faille du sud de Doué; elle est peu sensible à l'est au sud de Douces ; elle sépare le falun miocène d'avec le Toarcien et les terrains anciens, elle passe au nord de la Croix-Vallet, près la Fontaine-d'Argent-Perdu et au sud du village des Minières.

Ces deux failles limitent le falun de Doué au nord et au sud de cette ville.

c) Faille anticlinale de Baugé-les-Fours. C'est la plus importante; le Cénomanien est effondré au sud, tandis que les terrains anciens supportant le Toarcien-Bajocien restent au nord. C'est cette faille qui aboutit vers l'est à Montreuil-Bellay, et bien que je n'ai pas étudié tout son parcours, je ne doute pas qu'elle se continue par la *faille du Loudunais*.

A Baugé même, elle m'a paru postérieure à ce que j'appelle *Terrain de transport des plateaux* p.

d) Faille des Verchers; elle passe au nord de ce bourg, près des Mousseaux, à 6 ou 700 mètres au sud de la faille précédente, entre les Verchers et Hautes-Fontaines ; on voit le Cénomanien effondré au sud de cette faille, tandis qu'un lambeau toarcien est resté au nord.

Ces quatre failles paraissent en relation avec la structure des terrains anciens au nord-ouest, c'est-à-dire le long de la vallée du Layon, sur la rive droite.

Le long de la faille du Loudunais, l'effondrement est au sud. C'est le contraire de ce qui a lieu dans la partie méridionale du détroit poitevin où l'effondrement du sol près de l'*anticlinal de Montalembert*, avait lieu surtout au nord.

MASSIF ARMORICAIN ET COTENTIN

—————

FEUILLE DE TRÉGUIER

PAR

M. CHARLES BARROIS

Professeur adjoint à la Faculté des sciences de l'Université de Lille
Collaborateur principal.

—————

Aucune région de même étendue ne nous a fourni, en Bretagne, autant de roches cristallines diverses. Les contours maritimes de ses côtes, si découpées, invitent à une étude détaillée, facile à entreprendre dans les falaises littorales, mais moins facile à poursuivre à l'intérieur des terres, sur de pauvres affleurements, dans un pays très cultivé, peu accidenté, couvert de limon. Ces inconvénients ne suffisent pas cependant à expliquer les confusions singulières auxquelles la géologie de cette contrée a donné lieu : l'ordre de succession véritable des roches est à peu près inverse de celui qui a été accepté, et les roches éruptives réputées postérieures au Silurien sont remaniées à la base de ce terrain, à l'état de galets. Enfin, c'est à des manifestations volcaniques successives, filons, coulées et projections, qu'il faut attribuer la venue des principales roches cristallines de la région, citées à tort jusqu'ici, comme des exemples du métamorphisme de contact.

C'est ainsi sur des données entièrement neuves que la feuille de Tréguier a dû être levée. Nous énumérerons successivement les deux séries reconnues de formations sédimentaires et éruptives, telles qu'elles sont provisoirement tracées sur cette feuille.

ROCHES SÉDIMENTAIRES

La série sédimentaire est la suivante, de haut en bas :

Grès armoricain à Scolites et Bilobites.
Grès feldspathique, avec bancs de poudingue à petits galets de quartz, phtanite et
    cornaline.
Schistes pourprés.
Poudingue de Bréhec, à galets variés de roches sédimentaires et éruptives.
Schistes noduleux en dalles, calcaires et quarzites de Plouézec.
Schistes et grauwackes de Saint-Lô.
Micaschistes et gneiss fondamentaux.

La structure tectonique de la feuille, fonction des déformations éprouvées par cette série sédimentaire, paraît simple. Nos observations permettent de l'interpréter comme la résultante d'une ondulation du sol, qui aurait développé deux plis synclinaux parallèles, dirigés est-ouest, limités et séparés, de part et d'autre, par des voûtes anticlinales. Par suite de ce ridement, la carte géologique présente ainsi, du nord au sud, cinq bandes parallèles, alternativement anticlinales et synclinales, que nous distinguerons comme suit :

I. *Anticlinal de Perros-Guirec*, présentant successivement du nord au sud, et en lambeaux noyés parmi des roches intrusives : 1° des gneiss (Port-Béni); 2° des schistes de Saint-Lô (Keralain).

II. *Synclinal de Paimpol*, ne renfermant plus de couches supérieures aux dalles de Plouézec. Il s'étend de Tréguier à Lézardrieux et Paimpol, et correspond, par conséquent, à l'alignement de tous les chef-lieux de cantons de la région.

III. *Anticlinal de la Roche-Derrien*, remarquable par le beau développement des schistes de Saint-Lô, avec leurs caractères habituels clastiques, leur niveau ardoisier connu, et surtout par l'absence de toute roche éruptive associée.

IV. *Synclinal de Plourivo*, moins profond et moins long que celui de Paimpol, il s'étale sur une aire superficielle plus large, et offre les couches les plus récentes de la région, représentées le grès armoricain fossilifère.

V. *Anticlinal de Pontrieux*, continu de Mantallot à Plouha, et suivant lequel les roches présentent des caractères lithologiques variables. Les schistes de Saint-Lô, bien caractérisés sur la rivière de Pontrieux, deviennent graduellement micacés et feldspathiques vers Mantallot et Plouha. A mesure que ces modifications métamorphiques se manifestent, les filons de porphyrite et variolite, intercalés dans cette série à Pontrieux, passent à des schistes amphiboliques et à des amphibolites.

ROCHES CRISTALLINES MASSIVES

La série des roches cristallines massives est la suivante, en commençant par les plus récentes :

1. Porphyrite micacée et Kerzanton de Trestraou.
2. Diabase ophitique de Pleubian.
3. Granite à biotite de Mantallot.
4. Porphyre quarzifère de Pors-Even, microgranulites, micropegmatites, porphyres
    sphérolitiques, pétrosiliceux et fluidaux.
5. Orthophyre de l'Arcouest, comprenant plusieurs venues successives dont les filons
    se coupent et se disloquent.
6. Porphyrite à pyroxène de Kerity, verres porphyritiques en coulées, tufs à projections.
7. Granite à amphibole de Tréguier.

La répartition géographique de ces roches permet de les répartir en deux séries : la première (nᵒˢ 1, 2, 3) ne nous a pas offert de relations topographiques générales, la seconde au contraire (nᵒˢ 4 à 7) est liée par des relations définies avec la tectonique.

Les venues de la première série sont les plus récentes ; elles forment des filons minces de quelques mètres d'épaisseur, groupés en faisceaux parallèles qu'on suit sur de longs kilomètres : on ne connaît aucune roche, en dehors de ces filons, qui puisse être considérée comme produit de leur éruption. Elles ont fait leur apparition *après le ridement de la contrée*, et leurs produits superficiels n'étant protégés par aucun recouvrement, ont été balayés par les dénudations post-carbonifères. Ce fait joint à leur identité lithologique avec des roches d'âge déterminé, des feuilles voisines, atteste leur âge carbonifère.

Les roches cristallines de l'autre série (nᵒˢ 4 à 7) sont plus anciennes et *antérieures au ridement de la contrée* : elles présentent avec les formations sédimentaires de la région des relations génétiques déterminées, de telle sorte que toutes les roches éruptives observées dans les zones anticlinales sont intrusives (filons), tandis que celles des zones synclinales sont effusives (coulées, projections).

Dans les zones anticlinales, on retrouve les racines profondes filoniennes d'anciens volcans ; dans les zones synclinales des débris de leurs émissions ont été conservés à l'abri des dénudations . l'effet des dénudations a été de séparer les filons des coulées, et de détruire les appareils de sortie, necks et cratères. Toutefois l'étude lithologique comparée des roches intrusives et des roches effusives de ces massifs, révèle entre elles des analogies et des différences, qui permettent dans la plupart des cas de rattacher avec une approximation suffisante les coulées, de leurs filons nourriciers.

Les levers géologiques ont eu pour premiers résultats positifs, la répartition des roches cristallines, si nombreuses sur cette feuille, en deux séries successives, l'une postérieure, l'autre antérieure aux mouvements orogéniques de la région ; ils ont révélé, en outre, les relations de la série la plus ancienne, avec des phénomènes volcaniques antérieurs à l'époque silurienne. De nouvelles recherches sur le terrain nous seront nécessaires, pour préciser les relations de ces roches éruptives avec les divers massifs de granite, distincts les uns des autres par leur gisement et par le moment de leur intrusion.

L'étude analytique de la feuille permet dès à présent d'interpréter plus simplement la variété des roches éruptives de la région, en l'expliquant par les circonstances de leur formation. Leur variété est en effet la résultante de plusieurs facteurs, dont le partage a pu être tenté ; et, par là, il a été permis de définir les caractères des venues successives et de distinguer parmi ces roches les différences dues à leur âge, des différences qui sont liées à leur répartition géographique suivant divers parallèles, et de celles qui dépendent de leur gisement stratigraphique, en filons profonds ou en nappes superficielles. C'est ce que fera ressortir l'exposé succinct de la succession des phénomènes anté-siluriens.

SUCCESSION DES PHÉNOMÈNES STRATIGRAPHIQUES OBSERVÉS

La structure tectonique de la région est en dépendance immédiate d'un système de plis parallèles, à pendage élevé, très allongés de l'est à l'ouest; les ondes constituantes de ces plis se distinguent principalement de celles du reste de la Bretagne, parce que leurs portions synclinales contiennent, interstratifiées, de nombreuses roches cristallines et tuffacées. Les plis synclinaux, au nombre de deux (Plourivo et Paimpol), ne se poursuivent pas indéfiniment d'ouest à est, suivant des dépressions parallèles; le premier est bientôt limité à l'est par le relèvement des couches de la Pointe de Minard, tandis qu'à l'ouest, vers Quemperven, il conflue avec celui de Paimpol. La disposition des strates, au confluent de Quemperven, où leurs tranches abrasées contournent l'anticlinal de la Roche-Derrien, montre qu'elles l'ont recouvert lors de leur formation : elles n'en ont été enlevées que postérieurement, par dénudation, et rien ne permet de croire que leur dépôt ait été confiné à son pied. Le dépôt des couches de Plouézec s'est opéré d'une façon uniforme dans les deux synclinaux et sur l'anticlinal de la Roche-Derrien; leur ensemble appartient bien à un même bassin de dépôt, et la vague anticlinale de la Roche-Derrien, alors submergée, en représente même la partie centrale, profonde. Or cette bande anticlinale se trouve remarquablement dépourvue de roches éruptives, à l'inverse de celles qui l'entourent.

L'absence de toute racine intrusive dans les parties profondes du bassin, ainsi offertes à l'observation grâce aux phénomènes secondaires de ridement et de dénudation, concorde avec les notions fournies par leur structure, pour établir que les formations éruptives accumulées dans les synclinaux sont superficielles, et venues du dehors. Elles ne représentent pas des culots laccolitiques, nés sur place, et portés par des racines profondes; elles correspondent à des épanchements sous-marins sub-littoraux, généralement tuffacés, de nappes diverses, issues des régions continentales qui limitaient, au nord et au sud, le bassin cambrien de Plouézec.

Ainsi à l'époque du dépôt des schistes de Plouézec, l'étage des schistes de Saint-Lô formait déjà des rivages émergés, sur lesquels s'espaçaient des volcans en activité. Ces vieux volcans, depuis lors démantelés et privés de leur appareil de sortie, de necks et de cratères, montrent cependant par la répartition de leurs racines filoniennes et de leurs coulées, qu'ils dépendaient de deux centres distincts, localisés de part et d'autre du bassin, sur les anticlinaux de Pontrieux et de Perros-Guirec, où nous les décrirons successivement.

Volcan du massif anticlinal de Pontrieux. — Les roches volcaniques de ce massif, conservées dans la dépression synclinale de Plourivo gissent en filons, au sud de ce bassin; elles se montrent en filons et en coulées, à l'est; les coulées deviennent de plus en plus prépondérantes, sur les filons, à mesure qu'on avance de l'est vers le nord-est, où bientôt elles présentent des parties vitreuses passant à l'obsidienne, associées à des roches de projection; enfin au nord, et assez loin de ce côté, les projections dominent, associées à de minces coulées, à des sédiments clastiques, parfois complètement envahis par la pluie des matières projetées. Il semble donc bien, qu'on retrouve ici un ancien volcan ; on en foule les projections, bombes, cendres et lapilli, à Plouézec, Kérity, Guilben, les coulées scoriacées ou vitreuses et massives à Yvias, La Magdeleine, Plouézec, et enfin les racines profondes filoniennes, autour de Saint-Jean. On peut même, peut-être, reconnaître au sud de Fry-an-daou-dour des parties plus profondes de ces racines dans les filons de diabase et de variolite qui se trouvent dans les schistes de Saint-Lô. Les manifestations les plus basiques de ce volcan sont des porphyrites à pyroxène ; les plus acides, sont les porphyrites à amphibole, passant aux orthophyres, d'Yvias à Pléhédel.

Volcan du massif anticlinal de Perros-Guirec. — Ce massif offre des produits éruptifs plus acides que le précédent, et répartis sur une aire beaucoup plus étendue. Les filons sont groupés suivant deux champs principaux, l'un de Penvenan aux Héaux, l'autre de Camlez à l'Arcouest ; de part et d'autre, la succession est la même, des venues successives d'orthophyres à acidité croissante, se coupent sous forme de filons, enclavant des débris des parties antérieurement consolidées. Des venues de porphyre quarzifère succèdent aux orthophyres, ainsi coupés par des filons de microgranulite et de micropegmatite avec variétés sphérolitiques. C'est au sud de ces champs de filons, de Trédarzec à Ploubazlannec, que s'observent de vastes coulées d'orthophyres feuilletés, parfois tuffacés, souvent altérés, et de vastes coulées de porphyres pétrosiliceux fluidaux, plus ou moins vitreux et sphérolitiques.

Ainsi les roches éruptives du massif anticlinal de Perros-Guirec ($SiO^2 = 62$ à 75) sont plus acides que celles du massif anticlinal de Pontrieux ($SiO^2 = 57$ à 68) : leur ensemble parait former une série continue antérieure au Silurien, les orthophyres les plus acides du massif méridional correspondant aux roches les moins acides du massif septentrional. Les manifestations volcaniques les plus anciennes de la région ont débuté par les termes les plus basiques, et ils sont cantonnés au sud du bassin sédimentaire ; les éruptions suivantes devinrent graduellement plus acides, et leurs points de sortie sont concentrés au nord de ce bassin de Plourivo-Paimpol. Des traits communs à tous les produits de ces massifs sont fournis par la pauvreté en chaux du magma, et par sa richesse relative en potasse et en soude.

FEUILLE DES PIEUX

PAR

M. A. BIGOT

Professeur à la Faculté des sciences de l'Université de Caen
Collaborateur adjoint.

La région de la Hague est formée par une série d'assises précambriennes et siluriennes en bandes alignées autour de la direction est-ouest, disloquées et comprimées entre des massifs de roches éruptives qui les traversent et parfois les modifient.

Serie sédimentaire. — Le *Précambrien* est métamorphisé; une granulitisation intense l'a transformé en cornes et en pseudo-gneiss, particulièrement bien exposés sur le littoral entre Gréville et Omonville. Ces pseudo-gneiss se raccordent très manifestement vers l'est avec les schistes satinés précambriens de Cherbourg.

Le *Cambrien* comprend, de bas en haut : 1° des arkoses à feldspath décomposé, renfermant de nombreux galets de roches variées, et surmontées par des grès plus fins de couleur lie de vin (*niveau des conglomérats et grès pourprés*) ; 2° des schistes grossiers avec de petits lits de grès, lie de vin à la base, verdâtres en haut, sans lits calcaires (*n. des schistes et marbres*) ; 3° des arkoses et des grès grossiers (*grès fedspathiques*). — Vers Herqueville les deux niveaux supérieurs se confondent dans une alternance de schistes, quartzophyllades et grès feldspathiques.

Dans le *Silurien* on rencontre de bas en haut: 1° *grès armoricain* : 2° *schistes à Calymènes* ; 3° alternance de grès de couleurs variées, souvent micacés, et de schistes verts et bleus (*grès de May*), bien exposés dans la baie d'Ecalgrain. Un des niveaux schisteux, manifestement intercalé dans ces grès, contient *Trinucleus Grenieri* et *Calymene Lennieri*.

Roches éruptives. — Dans les iles anglo-normandes, le *Granite à amphibole* est certainement antérieur au Précambrien; il est traversé à Aurigny[1] par des filons de microgranulite, sur lesquels reposent les conglomérats de la base du Cambrien qui lui ont emprunté une partie de leurs galets. — Le granite à amphibole de la Pointe de Jerdheux est probablement du même âge: en tout cas, il est traversé par les granulites, diabases et microgranulites.

[1] A. Bigot, Thèse, p. 105 et 107.

Les *éruptions précambriennes* de la région sont attestées par l'existence dans les conglomérats de la base du Cambrien de galets de roches éruptives variées, *pegmatites, granulites, microgranulites, porphyres pétrosiliceux*, empruntés à des massifs ou à des filons qu'il a été impossible jusqu'ici de retrouver en place[1].

Les roches suivantes sont probablement beaucoup plus récentes; elles sont en partie certainement postérieures au Cambrien et à l'Ordovicien : les grès du niveau des conglomérats pourprés sont, dans les falaises et les rochers littoraux d'Auderville, fortement métamorphisés par les granulites et presque méconnaissables. Certaines microgranulites traversent l'Ordovicien moyen (Beaumont, Vasteville).

La roche la plus ancienne de cette série est un *granite porphyroïde* à gros cristaux d'orthose d'un rose violacé, développé surtout à Digulleville et pénétrant en filons au nord de Beaumont dans les grès de la base du Cambrien.

Les *granulites* avec leurs variétés *pegmatite* et *aplite* sont les plus répandues soit en filons, soit en massifs. Elles modifient les grès du Cambrien et traversent le granite porphyroïde (est de l'anse Saint-Martin).

Les *diabases* forment de nombreux filons, soit dans les couches précambriennes et cambriennes, soit dans les roches éruptives précédentes ; ces filons, qui atteignent parfois 10 mètres de puissance, ont une direction inconstante qui montre la variété de direction des cassures dans lesquels ils se sont injectés. Ces diabases sont à texture fine, surtout au contact et dans les petites apophyses.

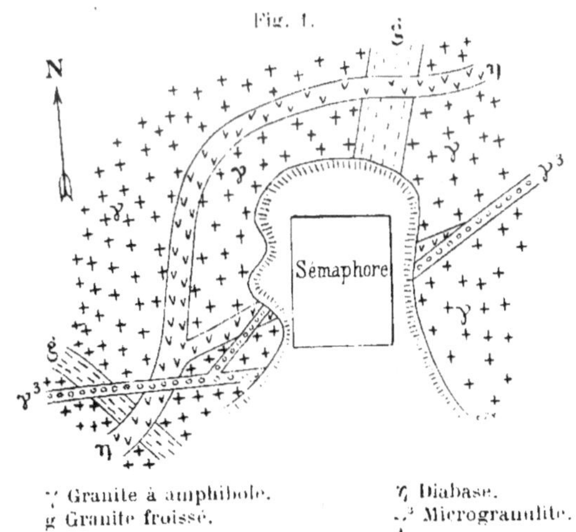

γ' Granite à amphibole.   η Diabase.
g Granite froissé.   γ³ Microgranulite.

On peut rattacher à ces roches deux filons de *porphyrite*, l'un à l'ouest d'Auderville, l'autre à l'ouest du havre de Bombec.

[1] Id., p. 52.

Les *microgranulites* forment également plusieurs filons; aucune n'est granitoïde ou avec grands cristaux feldspathiques. A Beaumont et à Vasteville, elles traversent l'Ordovicien. Elles apparaissent d'ailleurs comme les roches les plus récentes de cette série, ainsi que le montre la figure 1, qui prouve leur postériorité aux diabases.

On observe sur la côte d'Omonville-la-Rogue des filons parfois très puissants d'une roche manifestement éruptive, mais présentant des phyllites remarquablement alignées, qui lui donnent un aspect rubané, surtout dans les contacts. L'alignement des phyllites est parallèle au plan de contact de la roche encaissante et peut, quand celle-ci est formée de schistes granulitisés, être totalement indépendante de la direction des feuillets feldspathiques de ceux-ci. L'âge relatif de cette roche n'est pas net; elle est traversée par les diabases et les microgranulites (fig. 1); elle représente peut-être des apophyses modifiées dans leur structure par dynamométamorphisme, d'un massif granitique. Ce feuilletage accompagné de développement de schistosité apparaît en tous cas très nettement à l'extrémité ouest du massif granitique de Gréville où il est impossible de séparer la roche éruptive des schistes qui la bordent.

Structure de la région. — On doit distinguer, comme l'a déjà fait M. Michel Lévy, du synclinal de la Hague le synclinal de Jobourg compris dans la partie la plus resserrée de la pointe. La continuation vers l'ouest de la bordure nord du synclinal de la Hague ne doit pas être cherchée dans la bande de grès cambriens allant d'Omonville à Auderville; interrompue par une faille transversale à la hauteur de Beaumont, elle est rejetée vers le sud et marquée par la bande de conglomérats d'Herqueville. Le synclinal de Jobourg contraste par sa complication, son allure comprimée, la dislocation de ses affleurements avec la simplicité relative du synclinal largement étalé de la Hague. Les assises siluriennes, fortement comprimées entre deux massifs au nord et au sud, ont été fortement disloquées par des failles parallèles, accompagnées de décrochements horizontaux; l'importance de ces décrochements est bien marquée par le tracé de l'affleurement brisé des grès cambriens inférieurs. Au sud du pli, le contact se fait par une faille parallèle avec disparition des assises inférieures, à moins que celles-ci ne soient noyées et méconnaissables dans les roches métamorphiques qui forment une partie de la limite sud. Les couches de la lèvre nord se relèvent verticalement et se renversent. Entre Omonville et Beaumont une faille transversale interrompt à l'est le synclinal de Jobourg, à l'ouest celui de la Hague.

Terrasses littorales pléistocènes[1]. — Une étroite terrasse pléistocènes, dont le sommet se trouve actuellement à une quinzaine de mètres au dessus du niveau de la mer, borde le littoral.

[1] A. Bigot, Compte rendu de l'Académie des Sciences du 16 août 1897.

A la base sont des graviers ou des galets de cordons marins dont le sommet est au moins à 3 mètres au dessus du niveau actuel de la mer. — Le dépôt supérieur ravinant le précédent est formé par une accumulation de blocs anguleux non roulés, provenant de l'érosion du plateau après déplacement du niveau de base des cours d'eau.

Des observations faites sur la côte du Calvados permettent de placer pendant le quaternaire moyen (*E. primigenius*) cet abaissement du niveau de base, suivi d'un mouvement en sens inverse qui se continue encore et tend à restituer au rivage ses premiers contours.

FEUILLE DE LA FLÈCHE

(TERRAINS JURASSIQUES, CRÉTACÉS ET TERTIAIRES)

PAR

M. Paul BIZET
Conducteur principal des Ponts-et-Chaussées
Collaborateur adjoint.

Dans la campagne de 1897, nous avons porté nos études à l'ouest du Mans, entre le parallèle passant par Vallon et la bordure nord de la feuille de La Flèche, jusque sur les rives de la Vègre, par Chassillé et Loué.

Dans cette partie de la feuille, on rencontre une grande variété de terrains, depuis l'oolithe inférieure jusqu'aux terrains tertiaires.

Près de Chauffour et de Taugé, on trouve la série cénomanienne presque complète, savoir : la glauconie sableuse à minerai de fer avec *Am. varians* et *Am. falcatus*. Elle sert de support aux sables et aux grès à *Scaphites æqualis* qui, dans cette contrée, représentent la craie de Rouen. Viennent ensuite les sables du Perche à *Rhynchonella compressa*, sur le côté droit de la ligne ferrée du Mans à Angers et dans les flancs du coteau de Rouillon. Près d'Allonnes, ils forment la base d'un petit mamelon sur lequel se montre un affleurement des marnes à *Ostrea biauriculata* qui terminent la série cénomanienne, mais à la base de cette série, on ne trouve pas, dans la région du Mans et de La Flèche, la glauconie à *Ostrea vesiculosa*, si nettement déterminée par cette coquille vers la Ferté-Bernard, Céton et Saint-Cosmes-de-Vair. La glauconie à minerai de fer, correspondant à la craie glauconieuse à *Am. Mantelli*, se trouve toujours en contact direct soit avec le Callovien, soit avec l'Oxfordien. Elle est donc, ici, le membre le plus inférieur du Cénomanien.

Le Turonien apparaît également, au dessus des marnes à ostracées, dans la petite gorge du château de Rouillon, mais n'y est représenté que par son assise inférieure, peu développée du reste.

La série tertiaire est aussi assez complètement représentée à quelques kilomètres au nord et à l'ouest du Mans. A la Chapelle-Saint-Aubin et à Pruillé, on voit d'abord l'argile à silex de la craie couronnant les affleurements turoniens, puis des conglomérats au sommet du mamelon d'Allonnes ; des sables et des grès à sabalites entourant deux ilots de calcaire lacustre à *Cerithium lapidium*, *Planorbis rotundatus* et graines de chara. Près de Pruillé se montre un petit dépôt d'argile avec meulière. Il est à remarquer que partout où apparaissent les terrains lacustres, presque toujours les conglomérats se rencontrent dans le voisinage ; les exemples en sont nombreux dans le département de la Sarthe.

Lorsqu'on s'avance dans la direction de Vallon et de Loué, on constate la disparition des assises crétacées et tertiaires. Les érosions n'ont laissé subsister que quelques lambeaux de glauconie et de sables à scaphites. Le Callovien se montre au jour dans les vallées du Renon et de la Gée ; son assise supérieure à *Am. coronatus* laisse voir quelques affleurements à Chauffour, sur la rive gauche du ruisseau qui prend sa source près de cette bourgade. — Le Callovien inférieur à *Am. macrocephalus* repose sur une roche très résistante qui, d'après les nombreux fossiles qu'elle renferme, semble devoir être rapportée aux assises supérieures du Bathonien, car, près de Conlie, elle recouvre une petite couche marneuse remplie de *Waldheimia digona* d'*Eudesia cardium*, d'*Hyboclypus gibberulus* et d'*Echinobrissus clunicularis*, qui sont Bradfordiens. Mais la roche résistante supérieure, qui a été nommée par Triger et Guillier, calcaire à *Montlivaultia*, en raison de l'extrême abondance de ce zoophite, renferme aussi beaucoup d'autres espèces fossiles qu'une étude, peut-être incomplète, a fait identifier, par divers auteurs, avec des coquilles du Bajocien, entre autres : *Am. subradiatus*, *Natica Lorieri*, *Trochus duplicatus*, *Turbo Belus*, *Pleurotomaria bessina*, etc. On y recueille également beaucoup de fossiles bathoniens : *Ammonites Julii*, *Am. contrarius*, *Collyrites analis*, *Echinobrissus clunicularis*, *Pygaster rigeri*, *Cidaris Davoustiana*. Parmi les Lamellibranches : *Opsis lunula*, *Opsis similis*, *Trig. imbricata*.

Ce mélange d'espèces appartenant à des niveaux géologiques très différents se constate aussi dans les assises inférieures du Callovien de cette région. Ainsi, dans les carrières du château de Pescheseul (près d'Avoise), et dans celles du four à chaux de Saint-Benoît, à 3 kilomètres au nord de la Suze, on trouve associées à l'*Am. macrocephalus*, l'*Am. discus* et l'*Am. aspidoides* qui toutes deux appartiennent au Bathonien ; parmi les oursins, très étudiés par M. Cotteau : *Collyrites ringens*, *Colly. analis*, *Pygurus Michelini*, *Hyboclypus gibberulus*, *Echinobrissus clunicularis*, *Echi. orbicularis*, *Pseudodiadema Wrightii*, *Rhabdocidaris copeoïdes*... Et cependant à Pescheseul, comme à Saint-Benoît, la roche, par l'ensemble de ses fossiles, est nettement callovienne, ainsi que nous l'avons reconnu avec M. Bigot, le distingué professeur de l'Université de Caen, dans une excursion que nous avons faite en ces lieux. D'ailleurs, ces passages ne sont pas particuliers à ces localités, ils sont même assez fréquents et nous avons eu à les signaler, maintes fois, dans le Callovien des environs de Mamers et de Suré.

L'oolithe miliaire est paléontologiquement mal définie par les calcaires oolithiques subordonnés aux calcaires compacts à *Montlivaultia* et ils n'ont jamais qu'une faible épaisseur. Aussi leurs affleurements ne peuvent-ils être représentés sur la carte que par un étroit liséré qui comprend également les calcaires compactes.

Par Contigné, Vallon, Tassillé, c'est l'oolithe inférieure à *Am. Parkinsoni* qu'on rencontre dans toutes les coupures du sol, au dessous de la couche végétale. Elle y est constituée par des sables ou par un calcaire à très fines oolithes qui fournit de belles pierres de taille. Presque tous les fossiles qu'on y recueille sont à l'état de moules et souvent d'une détermination spécifique difficile.

A Chassillé, Loué et Mareil, sur les rives de la Vègre, se montre l'oolithe inférieure à *Ammonites Murchisonæ*, *Am. Sowerbyi*, *Pholadomya fidicula*, *Astarte excavata*, *Mytilus Sowerbyanus*, *Rhynchonella Orbignyana*, *Rhy. Wrightii*, *Rhy. Bajociana*, *Terebratula Eudesi*, *Tereb. perovalis*, *Holectypus hemisphæricus*... Ce sont surtout les carrières des environs de Loué, d'Asnières et d'Avoise qui sont le plus fossilifères. Cette assise est formée d'un calcaire dur à oolithes rousses, avec bancs ou rognons siliceux.

Le lias supérieur donne quelques affleurements près de Loué, sur les rives de la Vègre ; il se trouve en contact avec les roches dévoniennes qui se développent largement sur la rive droite de cette rivière.

Nous avons également étudié, cette année, les environs de Châteauneuf-sur-Sarthe, Contigné, Miré et Saint-Denis-d'Anjou. Dans cette région nous avons reconnu que les Sables du Perche étaient aussi représentés sur la rive droite de la Sarthe, mais qu'ils diminuaient progressivement en épaisseur et qu'ils finissaient même par faire défaut, de sorte que, sur certains points, notamment près du château de Margas, ce sont les marnes à *Ostrea biauriculata* qui recouvrent directement les schistes. Mais bientôt elles disparaissent à leur tour pour laisser arriver au jour les roches anciennes qui s'étendent presque exclusivement de Contigné jusqu'au bord occidental de la feuille et, vers le nord, par Saint-Denis-d'Anjou et Sablé.

FEUILLES DE MAYENNE ET DE LA FLÈCHE

PAR

M. D.-P. OEHLERT

Conservateur du Musée de Laval. Collaborateur principal.

Feuille de Mayenne. — En terminant l'étude du synclinal de Pail et de son annexe septentrionale, le massif d'Hesloup, nous avons reconnu que, dans son flanc nord, le Cambrien était représenté, non seulement par les calcaires de la Cussellière et de la Calochère, dont nous avons précédemment fixé l'âge (*Bull. Carte*, t. XI, p. 154), mais encore par d'autres assises qui n'avaient pas été reconnues jusqu'ici, et qu'on doit séparer soit des schistes précambriens, soit du grès armoricain. C'est ainsi que le poudingue pourpré se montre nettement caractérisé, entre le massif granitique de Moulins-le-Carbonnel et la crête gréseuse allant d'Hesloup à Gesnes-le-Gandelain, et qu'il y décrit une série de sinuosités indiquant l'existence de plis à plongement périclinal dans le flanc nord du synclinal de Pail. Quant au grès cambrien (grès de Sainte-Suzanne), il est ici accolé au grès armoricain, mais n'en est pas moins distinct de ce dernier : l'absence des couches caractéristiques du Cambrien supérieur permettant d'établir une séparation entre les deux étages, n'est d'ailleurs ici qu'une exception ; car, dans le flanc sud du synclinal de Pail, il y a, à cette place, dans la série cambrienne, un développement considérable, soit de schistes, soit de porphyres pétrosiliceux, de brèches éruptives ou de poudingues ; de même, plus au sud, à Saint-Aubin-de-Locquenay, nous avons découvert un niveau schisteux indiquant d'une façon précise la limite de séparation entre les deux grès. Enfin, dans la forêt d'Écouves, les porphyres cambriens et les brèches pétrosiliceuses qui les accompagnent, ont un développement souvent considérable, et, sur le versant nord de la forêt de Multonne, nous avons retrouvé ces derniers dépôts accompagnés de grès violets et verts, identiques à ceux des Coëvrons, et occupant exactement la même place.

Les schistes précambriens et cambriens, ainsi que les poudingues pourprés qui se trouvent dans la dépression de Mieuxcé, sont limités à l'ouest par le massif granitique de Saint-Céneri, et au nord par la granulite d'Alençon ; ainsi resserrées entre les deux massifs éruptifs, ces couches sédimentaires, au voisinage de ceux-ci, ont perdu par métamorphisme leurs caractères primordiaux. Les schistes, à quelque distance du granite d'abord faiblement injectés, se montrent bientôt, en pénétrant dans le massif, en fragments disséminés dans le magma, formant ainsi une sorte de brèche dont le granite représenterait la pâte. Une structure de même ordre a été signalée par M. Michel Lévy, qui considère celle-ci comme un des modes de métamorphisme du granite (*Bul. Carte*, t. IX, p. 258). Les fragments de schistes, relativement peu altérés, sont très abondants à la périphérie du massif; ils diminuent graduellement en nombre et en taille en se rapprochant du centre où ils paraissent se fondre dans le magma cristallin, et fournir par leurs derniers débris une partie des micas noirs du granite. On trouve aussi çà et là des taches à limites indécises, ayant une structure de microgranite, et correspondant à des fragments de schistes devenus entièrement cristallins. Près du massif granulitique, les schistes sont plutôt injectés lit par lit; dans certains cas, on voit sur un même point la double influence du granite et de la granulite : la biotite s'étant d'abord développée dans les schistes, lesquels ont été ensuite repris dans un magma à mica blanc et quartz granulitique; le tout ayant été traversé postérieurement par des filons de granulite à grains fins avec micropegmatite sur les bords.

Feuille de La Flèche (*bassin de Bouère*). — Le géosynclinal de Laval, surtout en s'avançant vers l'Est, se décompose en synclinaux secondaires résultant des mouvements qui ont eu lieu postérieurement au dépôt du Dévonien inférieur, et dont l'accentuation jusqu'au redressement définitif des couches a individualisé de petits bassins carbonifères actuellement indépendants. Les crêtes qui séparent ces bassins peuvent avoir comme charpente, soit les grès à *Orthis Monnieri* formant, par anticlinal complet ou par pli-faille, une arête saillante, soit les couches du Silurien supérieur, lorsque le Carbonifère vient directement les recouvrir. Le bassin de Bouère nous fournit un exemple de ces deux cas. Ce bassin, de forme allongée, dirigé du nord-ouest au sud-est, est fermé, tout au moins en ce qui concerne ses couches supérieures (Grauwacke à Echinides, calcaires et schistes de Laval), au nord-ouest de Gréz-en-Bouère; il est entouré par des couches à faciès Culm qui au sud forment une bande étroite appuyée sur le Silurien supérieur, tandis qu'à l'ouest et au nord, ces mêmes dépôts occupent une vaste région peu fertile, dont Saint-Charles-la-Forêt peut être considéré comme le type. Leur grande étendue est le résultat de leur mode de plissements qui, d'une façon générale, peuvent être considérés comme un vaste anticlinal de 4 à 6 kilomètres de large. Les dépôts carbonifères de cet anticlinal sont évidemment supportés par des grès dévoniens qui affleurent vers l'est, au nord de Ruillé : sur son flanc nord, les roches éruptives elles-mêmes ou leurs débris, sous forme de brèches ou de tufs, ont joué un rôle important dans la sédimentation. Ces venues éruptives, comme dans la vallée de l'Ouette et dans celle de la Mayenne près Entrammes, sont supérieures aux dépôts du Culm proprement dit, et inférieures aux grauwackes à Echinides, représentant peut-être tout ou partie du calcaire à *Productus giganteus* qui manque dans cette région du bassin. On voit ces-

roches éruptives en coulées, ainsi que les brèches qui les accompagnent et les schistes qu'elles ont modifiés, surmontés par le calcaire et les schistes de Laval : ceux-ci apparaissant dans les vallées, lorsque l'érosion a déblayé les graviers à galets de quartz si importants et si largement distribués aux environs de Meslay, Préaulx, La Cropte, etc. Sur le flanc sud de l'anticlinal de Saint-Charles, ces mêmes roches porphyriques ou leur cortège de tufs et de schistes métamorphiques, se retrouvent mais très amoindris; on pénètre ensuite, en allant vers le Sud, dans la fertile région de Bouère si nettement circonscrite : la grauwacke fossilifère forme d'abord la ceinture la plus externe, après quoi viennent les calcaires marbres, largement exploités, décrivant également une bande ininterrompue, et enfin, au centre, les schistes de Laval, si particulièrement arasés, et recouverts seulement d'une mince couche de terre végétale, constituent au centre de ce bassin un petit plateau dénué d'arbres et présentant un caractère tout spécial.

Au Sud, le bassin de Bouère s'appuie directement et par transgression sur le Silurien supérieur faisant partie du flanc sud du géosynclinal de Laval. Ce Silurien inférieur est caractérisé par des schistes argileux, au milieu desquels apparaissent des diabases souvent très altérées, parfois calcifères et qui, par leur abondance comme par leur faciès, contribuent à caractériser ce niveau. Après avoir traversé cet étage, on rencontre successivement, en se dirigeant vers le sud, une bande ordovicienne très réduite : les schistes supérieurs à *Trinucleus* et les grès moyens et schistes a *Calymene* formant des bandes peu épaisses. Quant au grès armoricain, il manque en ce point ou tout au moins n'y est pas représenté par son faciès gréseux habituel. Au delà, sont les schistes précambriens, coupés par des filons de microgranulite et de diabase, lesquels occupent une vaste région qui n'est que la prolongation de l'anticlinal des schistes de Rennes. Nous signalerons ici une longue traînée de microgranulite localisée dans les schistes ordoviciens supérieurs et dont l'âge semble correspondre à ce niveau.

En s'avançant vers le Sud-Est, le bassin carbonifère de Bouère s'élargit et se bifurque par suite de l'apparition d'un dôme de Silurien supérieur, qu'enserrent les couches carbonifères.

L'étude récemment commencée de cette région nous a donc déjà permis de préciser le niveau des différentes couches figurées en bloc par nos devanciers et de rectifier l'âge attribué à quelques-unes d'entre elles.

PLATEAU CENTRAL

REVISION DU CANTAL AU 1/320.000°

PAR

M. MARCELLIN BOULE
Assistant de Paléontologie au Muséum
Collaborateur principal.

Je n'ai pu consacrer, cette année, qu'un petit nombre de jours aux explorations géologiques. J'ai fait cependant quelques observations nouvelles et je désire consigner ici les plus intéressantes.

1° L'ouverture de nouvelles routes dans la haute vallée de l'Authre m'a permis d'y constater un grand développement de coulées miocènes ignorées jusqu'ici. Ce sont des basaltes ou des labradorites qui reposent directement, près de Tidernat, sur des schistes cristallins très granulitisés, presque verticaux et de direction N.-O. S.-E. Ce lambeau de terrain archéen affleure sur une longueur de 1.000 mètres environ. Comme on se trouve là près du centre du volcan, cet affleurement est comme le pendant de celui de Thiézac dans la vallée de la Cère.

2° J'ai observé sur le plateau du Coyan, au dessus de Vic-sur-Cère, à 1.150 mètres d'altitude, près du rocher de Saint-Curial, une bande de cinérites très fines surmontant plus de 300 mètres de brèches andésitiques et séparées du basalte des plateaux par quelques mètres seulement de la même roche. C'est un nouvel exemple d'un phénomène sur lequel j'ai insisté dans mon mémoire sur le *Cantal miocène*, c'est-à-dire de la dispersion des lits de cinérite ou si l'on veut du *faciès cinéritique*, aux niveaux les plus différents de la brèche andésitique. Mais ce qui est ici plus intéressant, c'est que les lits de cinérite se sont déposés dans une rivière et alternent avec des couches bien réglées de cailloux roulés exclusivement andésitiques.

3° Sur les indications de M. Vernière, je suis allé visiter un curieux gisement paléontologique aux environs de Lempdes, sur la feuille de Brioude. M. l'abbé Tronchère, curé de Chambezon, a recueilli un grand nombre d'ossements fossiles se rapportant tous à l'*Hippopotamus major*. Le gisement se trouve entre le village de Chambezon et le front basaltique du plateau. C'est une formation qui rentre tout à fait dans cette catégorie de dépôts sur les pentes que le Service de la carte représente par la lettre *A*. Sur les sables oligocènes repose une terre basaltique, noire, englobant avec de très nombreux cailloux de basalte éboulés de la falaise voisine, des os brisés et des dents d'hippopotame. C'est le seul document paléontologique que nous ayons jusqu'à présent pour fixer l'âge des basaltes des plateaux de cette région. Mais tout imparfait qu'il soit celui-ci nous permet d'affirmer, non seulement que ces basaltes sont pliocènes ou plus anciens, mais encore que les changements topographiques survenus depuis sont très considérables, puisque le gisement domine de 200 mètres le fond de la vallée de l'Allagnon.

FEUILLE DE MENDE

PAR

M. J. CURIE

Chargé de cours à la Faculté des sciences de l'Université de Montpellier
Collaborateur adjoint.

Je n'ai pu consacrer cette année, à la feuille de Mende, que quelques journées d'excursion et n'ai, par conséquent, que des résultats très restreints à indiquer.

J'ai repris l'étude de la région volcanique comprenant les monts du Peyrou, du Maillebiau et du Faltre, n'étant pas satisfait de mes déterminations antérieures : j'ai en effet notablement modifié mes contours précédents.

On se trouve dans cette région assez embarrassé en divers endroits, à cause d'une nappe glaciaire qui a recouvert une grande partie du pays. Cette nappe glaciaire descendait évidemment du Maillebiau, point culminant de la région et même de tous les monts d'Aubrac ; elle traversait un massif granitique au point 1326 de la carte, puis rencontrait des pointements volcaniques aux points 1294, 1374, 1367, semant sur son passage de nombreux et parfois d'énormes blocs de granit ramassés dans la première partie de son cours.

J'avais primitivement fait figurer le Faltre et les montagnes avoisinantes, comme partiellement volcaniques et partiellement granitiques : je pense aujourd'hui qu'il est préférable de les faire figurer comme glaciaires, la majeure partie de ces montagnes étant recouverte par ce terrain. Les roches volcaniques existent évidemment dans le sous-sol, mais ne se montrent que disséminées çà et là en petits pointements restreints ; les masses granitiques en place sont souvent douteuses, excepté vers le point 1312 où elles existent incontestablement.

Un autre intérêt de cette étude est de conduire à considérer la montagne du Peyrou comme très probablement plus récente que la grande nappe glaciaire. Cette montagne volcanique, à nombreux éboulis de roches, paraît en effet très fraîche d'aspect ; elle est complètement épargnée par la nappe glaciaire qu'on ne rencontre qu'à son pied, tandis que tous les sommets environnants ont été recouverts par la glace qui y a déposé de nombreuses pierres erratiques. On est donc conduit ou bien à supposer que la nappe glaciaire l'a contourné ; ou plutôt, je crois, à considérer la montagne comme la plus récente. On ne trouve du reste aucun de ses débris parmi les pierres erratiques.

Cette montagne (le Peyrou) est constituée par une labradorite typique ; elle serait la plus récente des roches de tout le massif, d'après cette façon de voir, et devrait être placée au dessus de toutes les roches classées dans la note de l'année dernière. On a vu qu'il existe dans les monts d'Aubrac des labradorites inférieures, placées à la base de toutes les roches du massif ; il y aurait donc eu deux poussées labradoriques, l'une inférieure aux basaltes d'Aubrac et l'autre supérieure.

Il y aurait lieu d'assimiler à la labradorite du Peyrou, comme récentes : la roche du grand rocher contre lequel est bâti le village de Marchastel ; la roche du sommet 1329, au coude de la route d'Aubrac à Laguiole on peut du reste en cet endroit constater une superposition de la labradorite sur le basalte des plateaux).

Il faut encore y assimiler la roche qui forme le sommet dit roc du Cayla, roche complètement différente des roches environnantes et dont on ne retrouve pas trace dans tout le glaciaire avoisinant. Toutes ces roches sont des labradorites.

Je me suis également occupé de récolter des échantillons de granulites de diverses localités : en étudiant au microscope plusieurs de ces roches provenant de la feuille de Mende, mais de diverses régions, j'ai pu en effet y distinguer deux variétés : l'une est une granulite à albite ; l'autre est au contraire une granulite à anorthose et oligoclase. Mais leur étude n'est pas encore assez avancée pour que je puisse donner un aperçu général de leur distribution.

Enfin j'ai étudié et délimité un tout petit bassin tertiaire qui se trouve situé aux environs de Graissac dans le canton de Sainte-Geneviève. Ce petit bassin, très restreint, est constitué par des sables blancs ou jaunâtres, et par des graviers détritiques formés de débris quartzeux, granitiques et granulitiques, peu ou point roulés, et cimentés par une argile rouge.

Je n'y ai rencontré aucun débris organique fossile, permettant d'en fixer l'âge ; mais comparativement aux terrains analogues situés sur la feuille de Saint-Flour, et étudiés par MM. Fouqué et Boule, on peut certainement classer celui-ci, soit dans l'Oligocène, soit dans le Miocène inférieur.

Il ne renferme aucun débris volcanique et il est par conséquent antérieur aux éruptions avoisinantes. Son extension avant ces éruptions, qui l'ont en partie recouvert, devait être beaucoup plus considérable qu'elle ne paraît actuellement ; car on trouve en divers endroits, dans des fonds de vallée, ou bien dans des excavations récemment creusées, de petits témoins d'un terrain argileux rougeâtre qui sont évidemment assimilables au terrain qui nous occupe.

FEUILLE D'ALBI

(TERRAINS PRIMAIRES)

PAR

M. A. DEREIMS

Chef des travaux pratiques à la Faculté des sciences de Paris
Collaborateur adjoint.

Pendant la campagne de 1897, j'ai continué l'étude des terrains primaires de la feuille d'Albi.

J'ai indiqué l'âge de ces terrains, dans lesquels je n'ai trouvé aucun fossile, en me servant des résultats obtenus par M. Bergeron sur la feuille de Castres : les bandes de calcaires et de schistes signalées sur cette dernière feuille se poursuivent en effet, sans discontinuité, beaucoup plus au nord et couvrent presque toute la région orientale de la feuille d'Albi.

Le massif de *gneiss granulitique* des environs de Montredon se prolonge au nord jusque près de Lhon, mais dans cette région le gneiss disparaît presque complètement et fait place à la *granulite* ; au contact de cette granulite les schistes potsdamiens sont métamorphisés : les *schistes micacés* forment une zone très nette aux environs de La Virgen, de Lhon-Bas et de Laval ; ils passent insensiblement aux *schistes à séricite et à minéraux* de Salclas et de la Calmetié.

Dans la partie méridionale de la feuille, aux environs de l'Adrech, de Prat-mayou et d'Escroux, apparaissent des calcaires blancs, légèrement bleuâtres, qui se poursuivent vers le sud sur la feuille de Castres, où M. Bergeron les considère comme *Cambrien inférieur*; ils sont surmontés par des schistes souvent rougeâtres, dans lesquels je n'ai trouvé aucun fossile. Ces schistes occupent la position stratigraphique de l'*Acadien*; M. Bergeron pense qu'ils peuvent être fossilifères en divers points, et des courses communes nous permettront peut-être de fixer leur âge d'une façon précise.

Au-dessus de l'Acadien j'ai observé une formation très puissante de schistes plus ou moins ferrugineux, toujours fortement plissés, souvent quartzifères et métamorphiques; ces assises, non fossilifères, mais dont l'âge a été déterminé par M. Bergeron sur la feuille de Castres, appartiennent au *Cambrien supérieur*; elles recouvrent la presque totalité du quart sud-ouest de la feuille d'Albi, et se retrouvent dans toute la vallée du Dadou jusqu'à la Fenasse, ainsi que dans les vallées du Lézert, du Sié, du Blima et de l'Assou. A l'est, les schistes potsdamiens sont recouverts par le Permien inférieur du Rouergue; à l'ouest, ils disparaissent sous le Tertiaire étudié par M. Vasseur.

Schistes potsdamiens métamorphisés. — Sur la route de Réalmont à Laboutarié, dans les vallées du Sié, du Lézert et dans celle du Dadou entre La Fenasse, Teillet et Montcouyoul, les schistes potsdamiens sont nettement métamorphisés; ils passent à des *schistes à séricite et à minéraux* et sont traversés par de nombreux filonnets de quartz; ces filonnets, dont l'épaisseur varie de quelques millimètres à 50 centimètres, sont surtout abondants dans la vallée du Lézert; dans les tranchées de la route d'Albi à Teillet, on peut souvent voir, sur 1 mètre d'épaisseur, plus de vingt-cinq filons de quartz, plus ou moins continus et d'ordinaire parallèles à la stratification générale. La limite de séparation des schistes métamorphisés et des schistes ordinaires est difficile à indiquer à cause des passages insensibles entre les deux roches primitivement identiques; mais le métamorphisme n'est tout à fait net qu'aux environs de Salclas, d'Arifat, de Saint-Antonin, de Teillet et de Saint-Lieux.

Ces schistes à séricite sont traversés par de nombreux filons de *diorite* et de *diabase ophitique*, très abondants surtout aux environs de La Fenasse, de Saint-Antonin et du Travet; dans la vallée du Lézert, ces filons sont orientés N.-E. S.-O., et au sud de Saint-Antonin la direction générale est N.-O. S.-E. c'est-à-dire sensiblement perpendiculaire à la précédente. J'ai observé, en outre, plusieurs pointements de *granite*, dont les plus importants sont ceux de Saint-Jean et celui de La Fenasse; ce dernier est visible sur près de 2 kilomètres de longueur dans le lit même du Dadou, entre le château de Marliave et le moulin de Peyrebrune.

Schistes potsdamiens non métamorphisés. — Les schistes potsdamiens non métamorphisés, qui se trouvent à l'est des précédents, ont une extension beaucoup plus grande. Aux environs du Bousquet et de Sénégazet, ils sont traversés par des filons de *diabase* et de *diorite* paraissant identiques à celles que j'ai signalés précédemment et orientés N.-O. S.-E.; quelques filons se retrouvent plus au nord, près de Paulinet et de Notre-Dame-d'Ourtiguet. Ces schistes sont en outre traversés par de nombreux *filons de quartz*, surtout abondants au sud de la feuille près de Saint-Pierre-de-Trivisy, d'Escroux, de Roquecésière, et à l'ouest dans la vallée de Dadou : l'orientation de ces filons est assez diverse ; on peut cependant y remarquer deux directions principales : l'une, N.-E. S.-O., fréquente surtout aux environs de Montcouyoul et de Saint-Pierre, est la direction même des assises cambriennes, la seconde, N.-O. S.-E., est très nette aux environs de Paulin, du Masnau, d'Escroux et de Roquecésière ; plusieurs de ces filons sont très importants ; celui de Roquecésière peut se suivre sans interruption sur plus de 3 kilomètres. Près du massif granulitique du Lhon-Haut signalé précédemment, les filons de quartz renferment de très nombreux cristaux de *tourmaline*, et au nord de Saint-Pierre, près des Juadous, ils sont nettement ferrugineux.

A côté de ces filons de quartz, on trouve assez souvent d'autres bandes, également faciles à observer à cause de leur résistance à l'érosion, mais formées de *schistes fortement silicifiés* dans lesquels la proportion de silice est d'ailleurs variable ; une de ces bandes, par exemple, située à La Pilissarié, est uniquement quartzeuse dans sa partie méridionale, et est au contraire, contraire, dans sa partie septentrionale, formée de schistes silicifiés, exploités pour la construction. Ces schistes silicifiés prennent un grand développement à Arifat, à Roquegardie et à Montcouyoul.

A l'est, les schistes potsdamiens sont recouverts en discordance par le *Permien inférieur*, dont les assises sont sensiblement horizontales.

Ce Permien est constitué par des conglomérats bien développés et des grès grossiers alternant avec des bancs schisteux dont l'étude a été commencée par M. Bergeron. Les assises permiennes se retrouvent plus à l'ouest, le long de la route d'Albi à Castres ; sur les grès et les *schistes à Pecopteris du Stéphanien*, qui affleurent sur quelques mètres à peine à 1 kilomètre au nord de Réalmont, reposent des conglomérats et des grès permiens dont les bancs sont dirigés est-ouest ; la base du Permien est formée par des bancs schisteux alternant avec des grès grossiers ; la partie supérieure est plus gréseuse et toujours colorée en rouge par les oxydes de fer ; le Permien est recouvert en discordance très nette par les sables et argiles à graviers de la bordure du bassin tertiaire.

FEUILLES DE RODEZ ET FIGEAC

PAR

M. A. THEVENIN

Préparateur au Laboratoire de Paléontologie du Muséum.
Collaborateur auxiliaire.

———

J'ai continué, cette année, le lever de la partie ouest de la feuille de Rodez et des terrains jurassiques du Sud-Ouest de la feuille de Figeac.

Je me suis attaché à suivre la faille limite du plateau central qui met au contact des terrains primitifs toutes les assises, depuis le carbonifère jusqu'au jurassique moyen. C'est, en réalité, un ensemble de failles, mais constituant une ligne si faiblement brisée qu'on a pu figurer une faille rectiligne unique.

Les assises que j'ai observées sont celles indiquées dans le compte rendu de 1895. J'ai cherché, sans les trouver, les fossiles du zechstein signalés par Magnan vers Monteils. Ce sont les calcaires en plaquettes de la base du lias que cet auteur a désignés comme assises permiennes.

La diminution de puissance des dépôts liasiens et toarciens quand on va de l'ouest à l'est, de la feuille de Cahors vers celle de Rodez, montre que le rivage de la mer du lias était sur le Segala actuel. La présence du mica en grande abondance et de petits galets dans les marnes à *Gr. cymbium* porte à conclure que le rivage n'était pas extrêmement éloigné.

Dans toute la région, les calcaires oolithiques de la base du Bajocien passent latéralement à des calcaires de plus en plus riches en magnésie et finalement tout à fait dolomitiques. Cette dolomitisation progressive est extrêmement nette.

J'ai reconnu vers Villeneuve la Cramade les couches à fossiles saumâtres de la base de Bathonien que je n'avais pas trouvées antérieurement. Ces couches constituent un excellent point de repère, mais elles ne sont pas continues. Il y avait sur la bordure sud-ouest du Plateau Central non une lagune unique et étendue mais un grand nombre de petites lagunes dessalées.

L'identité est à peu près complète dans la région ouest entre les formations du lias et du jurassique moyen de la feuille de Figeac et celles de la feuille de Rodez. Leur résistance commande le relief : les assises sinémuriennes, le liasien calcaire à *Pecten æquivalvis* et les calcaires ruiniformes du Bajocien formant trois abrupts très nets, les assises supérieures au Bajocien constituant le causse aride. Il n'y a pas ici changement de faciès important du Nord au Sud.

Les courses effectuées depuis plusieurs années m'ont montré, *parallèlement* au bord du massif central, l'existence d'une série de *courts anticlinaux*. Commençant par le dôme permien de la Grésigne, les anticlinaux de Milhars et de Ratayrens, cette série continue sur la feuille de Rodez par le dôme permien de Najac qu'une faille ultérieure a rompu faisant apparaître les grès houillers, puis par l'anticlinal sinémurien de Villefranche et sur la feuille de Figeac celui de Saint-Julien-d'Empare. Ce ne sont là que les anticlinaux principaux ; j'ai suivi cette série sur près de 80 kilomètres jusqu'à l'anticlinal des couches permo-triasiques entre la Madelaine (Lot) et Figeac.

Les poches à phosphate avoisinant Villeneuve sont à une altitude plus élevée que la cote 350, limite supérieure fixée par M. Péron et M. Fournier. Elles sont bien en relation avec les dépôts tertiaires mais il ne faut pas considérer seulement une limite d'extension sur les calcaires J^{1-2} des eaux tertiaires venant du centre du bassin, il faut tenir compte aussi de l'apport des eaux venant du Plateau Central (argiles rouges oligocènes développées sur tout le massif ancien voisin. On doit donc renoncer à indiquer la cote 350 comme une limite supérieure de l'extension des dépôts tertiaires et par suite comme une limite des poches à phosphates sur les calcaires jurassiques.

MONTAGNE NOIRE

FEUILLE DE BÉDARIEUX

(EXTRÉMITÉ ORIENTALE DU MASSIF ANCIEN DE LA MONTAGNE NOIRE)

PAR

M. Jules BERGERON

Professeur à l'École centrale, Collaborateur principal.

L'axe gneissique de la Montagne Noire se prolonge de la feuille de Castres sur celle de Bédarieux où il constitue le massif de l'Espinouse et celui du Caroux. Ces deux massifs ne sont séparés l'un de l'autre que par la profonde vallée du ruisseau du Vialais. Dans tous deux, on retrouve les mêmes variétés de gneiss, et les assises présentent la même allure. Le Caroux et l'Espinouse font donc partie du même massif de Cambrien métamorphisé qui forme l'axe de la Montagne Noire.

Ce gneiss donne des reliefs arrondis en forme de croupes, sauf dans les points où les filons de granulite et de pegmatite sont nombreux ; alors, comme dans la région septentrionale de l'Espinouse ou sur le versant méridional du Caroux, le gneiss fournit des crêtes en relation avec les filons. Dans la seconde de ces régions où les filons sont très nombreux et où les érosions ont été très puissantes, ce ne sont que pans ou aiguilles de gneiss.

Là où les croupes sont nombreuses, des tourbières occupent les parties hautes des dépressions peu profondes qui s'étendent entre ces croupes [1]. Des tour-bières du Caroux partent des ruisseaux qui descendent vers le sud pour se jeter dans l'Orb ; tandis que des tourbières de la partie orientale de l'Espinouse

[1] Ces tourbières n'existent qu'à des altitudes qui ne sont pas sensiblement inférieures à 800 mètres, ce qui tient à la latitude de la Montagne-Noire. On y a trouvé des troncs de conifères, alors que l'essence forestière actuelle prédominante est le hêtre ; le fait semble-rait indiquer l'existence sur ce plateau d'anciennes forêts de conifères dont il ne reste plus trace.

sourdent des ruisseaux dont les uns descendant encore vers le sud pour se jeter dans le Jaur, affluent de l'Orb, appartiennent au bassin méditerranéen, alors que les autres, parmi lesquels il faut citer l'Agout et un certain nombre de ses affluents, appartiennent au bassin atlantique.

Tous les cours d'eau qui descendent de l'Espinouse et du Caroux vers la dépression correspondant à la vallée du Jaur et de l'Orb, ont actuellement un très faible débit ; mais il fut une époque, certainement reculée et dont il m'a été impossible de préciser l'âge géologique, où ils ont charrié de très gros blocs et formé dans cette même dépression, des cônes de déjection que j'ai déjà signalés [1].

D'après l'allure des couches de gneiss qui bordent la profonde dépression du ruisseau du Vialais qui sépare l'Espinouse du Caroux, celle-ci correspondrait à l'axe d'un anticlinal orienté sensiblement nord-sud. Elle a été creusée par les eaux de deux ruisseaux situés dans le prolongement l'un de l'autre, mais coulant en sens contraire : le ruisseau de Vialais qui se confond avec le ruisseau d'Héric et qui descend vers l'Orb, c'est-à-dire vers le sud, et le ruisseau du Pas-de-la-Lauze qui coule vers le nord et se jette dans le ruisseau d'Andabre, affluent de la Mare, elle-même affluent de l'Orb. Ces deux petits cours d'eau prennent naissance, chacun sur un des versants de la crête dite Pas-de-la-Lauze, qui se trouve à une altitude bien inférieure à celle des bords de la grande dépression. On comprend, à la simple inspection de la carte, comment le ruisseau de Vialais finira par capter le ruisseau du Pas-de-la-Lauze ainsi que la partie haute du ruisseau d'Andabre.

Cet anticlinal se trouve dans le prolongement de la partie de la vallée de l'Orb qui est orientée nord-sud, au passage de cette rivière à travers les assises paléozoïques non métamorphisées du versant méridional de la Montagne-Noire. Je reviendrai plus loin sur les relations qui semblent exister entre ces deux accidents.

J'ai vainement cherché dans les massifs du Caroux et de l'Espinouse et en particulier dans la vallée du Vialais qui atteint des niveaux profonds, quelque trace des bandes calcaires qui dans la région orientale du massif se montrent en assez grand nombre : elles devraient d'après leur direction se prolonger dans le massif gneissique. Je n'ai trouvé que des gneiss à amphibole dans la région de Saint-Gervais-Terre-Rosis ; mais il n'y a là rien qui soit comparable aux gîtes de la vallée de la Vèbre [2].

En dehors du massif gneissique et dans son prolongement vers l'est, on retrouve la série schisteuse cambrienne moins métamorphisée, à l'état de mica-schistes, de schistes à séricite et à minéraux ainsi que les calcaires géorgiens ayant subi eux aussi, mais rarement, quelques actions métamorphiques. Je n'y insisterai pas, ayant eu déjà l'occasion d'en parler dans une note précédente [3].

---

[1] *Bull. du Serv. de la Carte géol. de Fr.*, t. VIII, p. 100.
[2] *Comptes rendus de l'Académie des Sciences*, Séance du 9 décembre 1895.
[3] *Bull. du Serv. de la Carte géol. de Fr.*, n° 53, t. VIII, p. 95.

Dans toute la région située au nord-est et à l'est du massif gneissique, les plis subissent un changement de direction très net. Dans l'intérieur de ce massif et encore à une certaine distance en dehors, les couches comme les plis ont une direction générale de N. 70° E., mais ils se dévient assez rapidement et prennent une nouvelle orientation de N. 60° E. On retrouve la direction primitive du côté de Lodève. Au contraire, les plis du versant méridional persistent avec une constance très remarquable jusqu'à ce qu'ils disparaissent sous les terrains secondaires dans la région de Cabrières. Dans cette partie orientale les plis se rapprochent encore de la direction est-ouest.

La cause de ce changement d'allure ne se voit pas clairement. Est-ce le massif microgranulitique du Mendic, orienté sous un angle N. 60° E. qui a imposé sa direction aux plis? Il est impossible de savoir l'âge relatif de cette venue éruptive et de ces plissements, et par suite de dire si le massif éruptif est venu par une fissure due au plissement, ou si ce plissement a subi l'action directrice du massif éruptif. Quelle que soit la cause de ce changement de direction, les conséquences en sont évidentes : par suite de cette déviation, les assises paléozoïques, qui forment le noyau des Cévennes, se relèvent vers le nord et s'infléchissent vers le nord-nord-est, de manière à former une sorte d'arc, en grande partie caché sous les assises jurassiques des Causses. Le grand golfe occupé par ces dernières semble correspondre à cet arc, comme si, par suite de la flexion, il y avait eu rupture de la chaîne de montagne, permettant la communication de la mer venant du nord-ouest par le détroit de Villefranche avec celle venant du sud et de l'est.

Au prolongement de l'axe gneissique correspond la région d'effondrement de Bédarieux ; elle est limitée vers l'ouest par une série de failles qui mettent en contact le Permien moyen et les assises cambriennes, sauf au niveau du bassin de Graissessac et du Bousquet d'Orb où c'est le houiller qui est juxtaposé aux assises du Rothliegende ou Ruffe. Vers le sud la limite est encore une faille que longe la vallée de l'Orb, du Poujol à Bédarieux ; puis elle amène les assises cambriennes jusqu'au niveau de la vallée de l'Ergue au contact du Permien, du Trias, du Jurassique inférieur et moyen et du Tertiaire inférieur ; à l'est de l'Ergue, elle se retrouve au milieu du Jurassique. A l'ouest comme au sud, les sédiments paléozoïques s'élèvent à une altitude bien supérieure à celle des assises secondaires ou tertiaires ; le paléozoïque antérieur au Permien est redressé, tandis que toute la série depuis le Permien offre un faible plongement d'abord vers l'est, puis vers l'ouest, de manière à former un synclinal auquel correspond la grande coulée de lave de l'Escandorgue. J'ai déjà parlé [1] de cette coulée dont la direction est sensiblement nord-sud et dont les lambeaux se retrouvent jusqu'à Gabian. En plus de cette coulée, il y a dans cette région d'effondrement de très nombreux filons de

---

[1] *Bull. du Serv. de la Carte géol. de Fr.*, t. VIII, p. 300.

roches basiques dont l'éruption est postérieure à l'époque du Pliocène moyen et dont j'ai déjà donné la description[1].

J'ai parcouru au printemps avec MM. Depéret et Nicklès cette région d'effondrement, pour en étudier les assises tertiaires ; à la suite de cette excursion, j'ai recherché quelle pouvait être l'extension des alluvions du Pliocène moyen en dehors du lambeau que nous avions étudié ensemble entre le mont du Courbezou et le hameau de la Frégère, lambeau marqué sur la carte géologique de M. de Rouville. Je les ai retrouvées plus à l'est du côté de Roudanesque dans une dépression bordée, partie par les différentes assises éocènes, partie par les schistes du Cambrien supérieur, peut-être même déjà de l'Ordovicien. Ces assises éocènes et cambriennes se trouvent en contact par suite du jeu de la faille du Tantajo dont j'ai déjà parlé plus haut. Les alluvions pliocènes cachent cette faille et elles reposent indifféremment sur le Tertiaire inférieur ou sur le Paléozoïque. Cette faille qui, par suite, est antérieure à l'époque pliocène, est postérieure à l'Éocène moyen et se rattache aux accidents géologiques déjà connus et signalés sur la bordure méridionale de la Montagne-Noire ; ils datent du soulèvement des Pyrénées[2].

J'ai reconnu encore l'existence d'une autre dépression occupée par les mêmes alluvions au nord et à l'est d'un point culminant situé dans la banlieue de Bédarieux et portant la cote 423 sur la carte de l'état-major. Ce dernier gisement est particulièrement intéressant parce qu'il montre la différence de composition lithologique des conglomérats éocènes et pliocènes. La colline portant la cote 423 est formée par un grès et un conglomérat éocènes, probablement l'équivalent des grès d'Issel ; mais ici les éléments sont des cailloux siliceux et aussi beaucoup de galets de calcaire jurassique. Dans la partie nord de la colline en question, ces sédiments éocènes ont été ravinés par un cours d'eau pliocène qui a déposé des alluvions de grande épaisseur. Dans ces alluvions on ne rencontre aucun débris de calcaire jurassique, mais des cailloux siliceux, roulés, associés à des blocs également roulés de grès rouge caractéristique du Permien.

Or les grandes dislocations dans la région de Bédarieux se sont produites à la fin de l'Éocène ; les affleurements de terrains paléozoïques devaient très vraisemblablement présenter au Pliocène la même disposition qu'à l'époque actuelle. Si nous relions entre eux les gisements d'alluvions pliocènes que nous connaissons dans la région de Bédarieux, nous voyons qu'ils sont orientés suivant une direction N.-O. S.-E. et que c'est suivant cette même direction, vers le nord-ouest, qu'affleurent d'abord le Permien, puis les assises cambriennes, en un mot tous les terrains qui ont pu fournir les éléments des conglomérats pliocènes. Il est donc bien vraisemblable que le cours d'eau qui a déposé ces alluvions venait de la région montagneuse de l'ouest.

<hr>

[1] *Bull. du Serv. de la Carte géol. de Fr.*, t. IX, p. 64.
[2] Depéret. *Bull. du Serv. de la Carte géol. de Fr.*, t. VII, p. 86.

Malgré les études dont il a été l'objet depuis longtemps, le versant méridional de la partie orientale de la Montagne-Noire présentait plusieurs points obscurs que j'ai cherché à éclaircir. Voici quelques-uns des résultats que j'ai obtenus.

Les calcaires géorgiens forment de grandes bandes continues qui se prolongent vers l'est jusque dans la région de Cabrières où elles disparaissent sous des sédiments paléozoïques moins anciens. Ces calcaires, qui ont été soumis à de fortes poussées, présentent dans leur partie supérieure, celle où abondent les caleschistes, des calcaires amygdalins qui, par leurs colorations vives et leur texture, rappellent les marbres griottes du Dévonien supérieur. Ces calcaires sont les mêmes que ceux de Masnaguine (feuille de Castres), de Saint-Pons, etc. A ces calcaires succèdent, en s'élevant dans la série, des bancs calcaires de quelques centimètres d'épaisseur, séparés les uns des autres par des lits de schistes. Mais parfois, et notamment dans la partie orientale de la Montagne-Noire, beaucoup de ces bancs calcaires sont remplacés par des bancs de lydienne noire. C'est au dessus que se trouvent les schistes acadiens avec leur faune caractéristique.

Cette succession se voit rarement complète en un même point. Souvent, sous l'effort des pressions venues du Sud, les différents étages ont été plus ou moins laminés, étirés, et par suite leur puissance semble être très variable. Parfois même certains niveaux font défaut. Il en résulte de très grandes complications dans l'interprétation des coupes que l'on peut relever le long des bandes calcaires du versant méridional. Cependant, il existe quelques coupes très probantes. A la gare de Faugères, la tranchée du chemin de fer, avant le tunnel de Pétafi, a donné une coupe très nette. On y trouve les caleschistes, les calcaires noduleux, les bancs calcaires avec les bancs de lydienne, puis les schistes verts de l'Acadien, il est vrai, sans fossiles, enfin la série potsdamienne.

Au sud de Roquessels, il y a une bande de calcaire noduleux avec bancs de calcaire et de lydienne, qui est accompagnée des schistes acadiens fossilifères. Cette bande qui a été prise pour du calcaire à goniatites du Dévonien supérieur, correspond à un anticlinal cambrien qui offre la structure en éventail. Un ravin qui suit la route allant de Fos à Gabian permet de reconnaître cet accident. Dans le fond de ce ravin, j'ai trouvé les schistes acadiens fossilifères (*Con. Levyi*) sous les bancs de lydienne et de calcaire noduleux renversés. Cette bande reprend vers l'ouest l'allure normale d'un anticlinal, et elle est traversée en tranchée par la ligne de chemin de fer de Bédarieux à Béziers près du Mas de Malac.

Il est une autre bande plus orientale située au sud-est de Montesquieu : elle est composée de la même manière : là, l'anticlinal est simple, mais légèrement couché vers le nord.

Le Géorgien supérieur présente encore la même composition dans le Caragnas, près Cabrières. Sur des calcaires appartenant sans conteste au Géorgien, reposent en concordance de stratification des calcaires noduleux surmontés

par des bancs de lydienne qui ont été désignés dans la région sous le nom de
schistes à colonnes. C'est dans les parties où affleurent les calcaires noduleux
qu'a été signalée la présence du Dévonien supérieur: aussi serais-je porté à
croire qu'il y a eu là encore confusion entre ces calcaires noduleux et les
griottes.

Les mêmes bancs de calcaire et de lydienne affleurent dans le pic de Bissous
sous les assises renversées du Dévonien supérieur et moyen; mais vers l'est,
près du col qui permet de passer de la plaine du Cadenas dans la vallée que
suit la route de Bédarieux à Clermont-l'Hérault, il y a en plus les calcaires
noduleux. On peut conclure de ces faits que la crête qui part de la vallée de
la Boyne jusqu'à la vallée de la Dourbie et dont le point culminant constitue
le pic de Bissous est un anticlinal cambrien sur le versant septentrional
duquel on retrouve le Dévonien en position normale, sauf dans la partie correspondant au pic de Bissous et à Bissounel où il y a eu renversement d'un
synclinal avec étirement, de telle sorte que les griottes reposent directement
sur les lydiennes.

Sur le versant sud du pic de Bissous comme au Caragnas, sur les lydiennes
et quelquefois dessous, par suite d'un renversement local, se voit une série
de schistes bleus, rarement fossilifères et sur lesquels je reviendrai plus
loin.

L'âge de ces bancs de lydienne était très douteux. Ils avaient été rapportés
le plus généralement au Dévonien. Mais leur présence entre le Géorgien
typique et l'Acadien près de Roquessels, comme entre le Géorgien et le Potsdamien à la gare de Faugères ne me laisse aucun doute, et je les rapporte
maintenant au Géorgien supérieur. C'est d'ailleurs au Cambrien que les avait
attribués M. le Dr Rüst qui, dans un mémoire sur les radiolaires a cité plusieurs espèces des lydiennes de Cabrières[1].

Cette même série supérieure du Géorgien joue encore un rôle principal dans
les massifs calcaires de Vieussan, de Roquebrun et du mont Peyroux. Ce sont
encore des anticlinaux de calcaires géorgiens avec les variétés noduleuses ou
à bancs minces alternant avec les bancs de lydienne. Mais il y a une complication plus grande pour ces deux derniers massifs, car les assises dévoniennes se sont déposées sur ce Cambrien et ont été prises postérieurement dans
les plis de ce calcaire.

Au Géorgien font suite l'Acadien et le Potsdamien. Ce dernier présente
dans la partie orientale de la Montagne-Noire une importance bien moindre
que dans la partie occidentale; cela tient à ce qu'il disparaît en grande partie sous des schistes bleus ou verdâtres au milieu desquels apparaissent des
bancs constitués par un poudingue à éléments blancs et noirs (quartz et
lydienne) qui a reçu dans le pays le nom de poudingue à dragées. La place
de cet horizon dans la série paléozoïque a été très débattue, comme dans les

---

[1] Beitrage zur Kenntniss der fossilen Radiolarien aus Gesteinen der Trias und der Palaeo-
zoischen Schichten. — *Palaeontographica*. I. 38, p. 107.

régions de Cabrières, de Laurens, etc. Ce poudingue avait été trouvé dans le voisinage de grès à végétaux carbonifères : on en avait conclu qu'il appartenait, lui aussi, au Carbonifère ainsi que les schistes au milieu desquels il se montre.

Puis MM. de Rouville et Delage, ayant trouvé dans ces schistes bleus des traces de fossiles qu'ils ont rapportées au genre *Pleurodyctium*, en ont conclu que tout cet ensemble de schistes, de poudingues et de grès appartenait au terrain dévonien. La réunion des schistes et du poudingue dans le même étage est justifiée par la coupe fournie par un talus du chemin allant de la Liquière à Faugères[1] : là, près du pont franchissant le ruisseau de Lavallongue, le passage des schistes au poudingue se fait progressivement par l'arrivée de petits cailloux blancs et noirs de plus en plus nombreux au milieu des schistes. Leur nombre devient tel que ce sont finalement des poudingues.

Mais les grès à végétaux carbonifères sont indépendants de ces schistes et de ces poudingues. Ils forment des bandes plus ou moins développées, pincées dans les plis des schistes bleus et verts dont je viens de parler. Comme ces schistes ont subi des refoulements nombreux, il en résulte que les grès carbonifères et même les calcaires à *Productus* qui parfois les accompagnent, se trouvent enveloppés par les schistes et semblent appartenir à la même formation ; mais la flore des grès, comme la faune des calcaires est bien caractéristique du Carbonifère.

Ces schistes bleus et verts avec bancs de poudingue ont été rapportés comme je viens de le dire au Dévonien inférieur, à cause de la rencontre d'un fossile rapporté au genre *Pleurodyctium*. Cependant les conditions stratigraphiques de cette série ne semblent pas permettre cette attribution d'âge. En effet, si elle appartient au Dévonien inférieur, elle doit se rencontrer partout où est visible la superposition normale du Silurien et du Dévonien. Or il n'en est rien : dans la combe d'Izarne, sur le pourtour du plateau du Falgairas, près des métairies de Sainte-Cécile, de Rouboules, sur le pourtour du plateau du Bois de Fuxian, sur les calcaires et les schistes noirs du Gothlandien, reposent des schistes épais, au plus de 3 mètres, et qui appartiennent bien vraisemblablement encore au Gothlandien ; ils sont recouverts immédiatement par des calcaires et des dolomies que l'on peut rattacher au Coblencien. Nulle part on ne voit la place de l'étage des schistes bleus, épais de plusieurs centaines de mètres, nulle part il n'y a trace de ce poudingue si caractéristique.

Au contraire, ces schistes s'avancent jusqu'au voisinage des assises ordoviciennes, et, d'après leur plongement, doivent passer sous ces dernières. Ce sont les mêmes schistes qui, dans la région de Cabrières, reposent directement sur les bancs de calcaire et de lydienne et dans lesquels M. Escot a trouvé pour la première fois un polypier qui a été rapporté au genre *Pleurodyctium*. Là encore ces schistes plongent vers la plaine du Cadenas où se trouvent les dif-

---

[1] Académie des Sciences et Lettres de Montpellier section des Sciences. Séance du 9 juillet 1894.

férents nouveaux ordoviciens avec cette faune si riche qui a établi la réputation de la localité de Cabrières.

Il semble donc qu'il y ait une opposition formelle entre les données stratigraphiques et les données paléontologiques. Bien que je reconnaisse la prépondérance qu'il faut attribuer à ces dernières, cependant, dans le cas présent, il me semble qu'il y a lieu de discuter la valeur de l'argument paléontologique. Je reconnais que les échantillons que j'ai eus entre les mains se rapprochaient assez des *Pleurodyctium*; mais ce qu'on nomme ainsi est un moulage et l'on connaît dans le groupe des *Michelinia* bien d'autres moulages assez voisins des *Pleurodyctium* pour pouvoir être confondus avec eux. Je pense donc que dans les conditions actuelles il faudrait reprendre l'étude des exemplaires qui ont servi à cette détermination et qui se trouvent dans les collections de la Faculté des sciences de Montpellier.

Ces schistes bleus et verts, qui, selon moi, seraient compris entre le Potsdamien et l'Ordovicien inférieur, affleurent assez irrégulièrement sur le Potsdamien. Dans la région de Saint-Chinian, ils forment une bande assez large à la partie supérieure de laquelle se placent les schistes noirs à *Asaphelina Miqueli*. Ils s'avancent dans la grande dépression de l'Orb jusqu'au voisinage des gneiss. Vers l'est ils empiètent encore sur le Cambrien supérieur, au point qu'à Cabrières ils reposent sur le Géorgien du Caragnas.

Est-ce par suite de glissements et de chevauchements des étages les uns sur les autres sous l'action de poussées venant du sud, qu'il y a eu cette sorte de transgression par rapport au Potsdamien, ou bien y a-t-il eu une transgression réelle? Je serais très porté à adopter cette dernière opinion en voyant l'allure des couches dans la grande dépression de la vallée de l'Orb. Là les bandes cambriennes brusquement interrompues atteignent de grandes altitudes, tandis que ces schistes occupent le fond de la dépression; de plus, vers le sud les plis cambriens se contournent. Tout indique dans cette région un accident orienté sensiblement nord-sud et faisant suite à celui que j'ai signalé dans le massif gneissique. Il se peut que ce soit un synclinal ou même un anticlinal creusé par érosion; en tous cas il semble être antérieur à l'Ordovicien puisque l'on trouve des gisements fossilifères de ce dernier étage assez loin vers le nord. De plus, dans les environs de Saint-Pons, au bois de Sérignan, l'Ordovicien repose sur le Géorgien. Du côté de Cabrières, il y a un synclinal formé dans ces schistes bleus et les schistes à *Euloma Filacovi* reposant sur le Géorgien. Il y a donc quelques faits, dans des régions assez différentes d'allure, qui prouveraient que les assises des schistes bleus et de l'Ordovicien inférieur se sont avancées sur le Géorgien, indépendamment du Potsdamien.

Cette indépendance des schistes bleus par rapport au Cambrien supérieur et leur tendance à accompagner les schistes à *Euloma Filacovi*, me portent à les rattacher à l'Ordovicien. Les recherches à venir permettront d'y trouver une faune plus complète que celle que nous possédons et de trancher la question de leur âge. Cette transgression de la base de l'Ordovicien dans la Montagne-Noire n'est pas un fait isolé; dans l'ouest de la France, il y a eu changement de faciès et transgression au début de l'Ordovicien ; de même en Angleterre.

A plusieurs reprises j'ai eu occasion de parler des plissements qui ont affecté les assises paléozoïques du versant méridional de la Montagne-Noire. C'est dans les environs immédiats de Cabrières que ces plis sont le plus nombreux et le plus intéressants puisqu'ils affectent le plus de couches. Ils forment de grandes bandes dont l'allure n'est pas toujours rectiligne et dans lesquelles on peut reconnaître, grâce aux alternances des couches, une succession de plis syclinaux et anticlinaux. Très fréquemment les érosions ont fait disparaître une partie des couches constituant ces plis, jusqu'au niveau des schistes bleus et verts qui, d'une manière générale, forment le substratum de toutes les assises des environs de Cabrières. L'âge attribué à ces derniers schistes (dévonien et carbonifère) a été la cause des grandes difficultés d'interprétation des accidents géologiques de cette région.

J'ai déjà indiqué à plusieurs reprises les caractères de ces accidents, je n'y reviendrai pas. Cependant je signalerai comme particulièrement curieuse l'allure des massifs de calcaire carbonifère que l'on trouve disséminés suivant des bandes plus ou moins longues et plus ou moins larges. J'ai dit plus haut que des lambeaux de ce calcaire pouvaient être enveloppés par les schistes inférieurs de l'Ordovicien ; il en est ainsi quand les bandes sont peu épaisses ; mais parfois, les calcaires forment des îlots dont l'allure indique des synclinaux couchés ; par suites des érosions, il ne reste plus que des tronçons de ces plis. Quand ces tronçons sont assez épais, ils offrent toujours un abrupt vers le nord et au contraire une plongée vers le sud, ce qui tient à ce que, de ce côté, on a affaire au genou du synclinal. C'est le cas notamment pour les bandes carbonifères situées au sud des anticlinaux géorgiens de Roquessels et de Montesquieu.

FEUILLE DE BÉDARIEUX

PAR

M. Ch. DEPÉRET

Doyen de la Faculté des sciences de l'Université de Lyon
Collaborateur principal.

Les terrains néogènes des vallées de l'Orb et de l'Hérault comprennent les formations suivantes :

1º Miocène. — Le *premier étage méditerranéen* (Burdigalien) fait entièrement défaut dans ces vallées qui se trouvent comprises dans la zone de transgression du *deuxième étage méditerranéen* vers l'ouest. Ce dernier étage recouvre toute la région basse et se montre transgressif jusqu'au pied des Cévennes. Il comprend de bas en haut les assises suivantes :

1. Marnes bleues à *Pecten Fuchsi, P. scabriusculus*, et bancs d'*Ostrea crassissima*.

2 Mollasse grise calcaire passant à un calcaire lumachelle cristallin très dur. — Récif à Polypiers d'Autignac.

3. Calcaire lacustre à *Helix Rebouli, Planorbis Mantelli*, Limnées.

4. Mollasse à dragées de quartz blanc avec *Ostrea digitalina, Pecten vindascinus, Cardium*, etc.

L'ensemble de ces quatre assises représente sans aucun doute possible le *deuxième étage méditerranéen* que j'ai proposé de désigner sous le nom d'étage *Vindobonien*, à cause de la difficulté où l'on se trouve ici, comme en beaucoup d'autres régions, de délimiter les sous-étages *Helvétien* et *Tortonien*.

Je n'ai rencontré aucune trace du *Miocène supérieur* ou étage *Pontien*.

2º Pliocène. — La mer pliocène a pénétré dans les vallées de l'Orb et du Libron jusqu'à une assez grande distance de la côte actuelle. Ce fait qui n'avait pas encore été signalé, résulte de la présence des sables marins à *Ostrea cucullata*, dont j'ai découvert deux lambeaux importants, l'un dans la vallée du Libron, en face du château de Ribaute, l'autre dans la vallée de l'Orb, à 1 kilomètre au sud du village de Corneilhan. Les sables jaunes du *Pliocène moyen* ravinent profondément les marnes miocènes marines jusqu'à un niveau plus bas que le fond des vallées actuelles. Les marnes à *Potamides Basteroti* et *Hydrobia Escoffieræ* qui affleurent près de la halte de Bassan représentent les dépôts d'un estuaire s'ouvrant dans le bras de mer pliocène de la vallée de Libron.

Lorsque la mer pliocène se fut retirée un peu avant la fin du Pliocène moyen, les vallées continentales ont été remblayées par une épaisse série de limons rougeâtres et de graviers grossiers qui passent peu à peu à leur partie supérieure aux nappes de cailloutis quartzeux qui s'étalent sur les plateaux miocènes.

Les ravins de Saint-Palais à l'ouest de Pézenas montrent d'une manière fort nette le ravinement du Miocène par ces dépôts torrentiels pliocènes. Les graviers ferrugineux de Saint-Palais ont fourni aux recherches de M. Biche : *Rhinoceros leptorhinus* et *Palæoryx Cordieri*, c'est-à-dire deux des espèces les plus caractéristiques de la *faune de Montpellier*.

Les *tufs de Murviel*, dans le bassin de l'Orb, tapissent également le flanc d'une vallée pliocène et passent progressivement vers le fond de la vallée aux cailloutis pliocènes; ces travertins sont donc sensiblement de l'âge des tufs de Meximieux.

Le *Pliocène supérieur* est représenté d'abord par des nappes de graviers quartzeux qui s'étalent sur les plateaux à de grandes hauteurs au dessus des vallées actuelles; près de Coussergues, un peu au sud de la limite de la feuille de Bédarieux, ces graviers ont fourni une mâchoire de *Mastodon arvernensis*. On doit encore rapporter au *pliocène supérieur* d'autres terrasses de graviers quartzeux situées à des niveaux plus bas et indiquant des temps d'arrêt dans le phénomène du creusement des vallées. Enfin, presque au niveau des vallées actuelles, les formations de graviers fluvio-volcaniques du Riège, près Pézenas, de Saint-Adrien, de l'Estang près Péret, correspondent à l'extrême fin du Pliocène: au Riège, M. de Grasset y a recueilli : *Elephas meridionalis*, *Hippopotamus major*, *Cervus martialis*, c'est-à-dire la faune de Durfort et Saint-Prest.

ERUPTIONS BASALTIQUES. — Toutes les éruptions basaltiques de cette région du Languedoc sont *pliocènes* et non quaternaires comme cela a été dit souvent. Mais on doit distinguer deux âges distincts d'apparition de ces roches volcaniques :

1° Un *Basalte ancien* (β^{1a}) en coulées sur les plateaux de cailloutis quartzeux pliocènes et antérieur au creusement des vallées actuelles.

2° Un *Basalte* ou une *Labradorite* plus récents (β^{1b}) contemporains des graviers à *Elephas meridionalis* du Riège et se présentant sous forme de coulées, de scories, de tufs et de brèches de projection dans le fond des vallées profondes creusées aux dépens du basalte ancien, des graviers pliocènes et de la mollasse marine.

On trouvera des détails plus complets sur ces formations dans la note que M. Depéret a communiqué à la Société géologique dans la séance du 28 juin dernier.

BASSIN DU SUD-OUEST

FEUILLE DE MONTAUBAN

PAR

M. J. BLAYAC
Préparateur à la Faculté des Sciences de Paris
Collaborateur adjoint.

J'ai exploré, durant la campagne 1897, un bon tiers de la feuille de Montauban. La tâche qui m'a été confiée, après entente avec M. Vasseur, collaborateur principal, a consisté à relier les contours que mon collègue, M. Répelin et moi avions faits en 1896, avec ceux faits en 1897 par notre maître, dans la partie nord-est.

En 1896, nous avions délimité les diverses terrasses quaternaires qui s'étagent largement sur les deux rives de la Garonne, du Tarn et de l'Aveyron. La mollasse tertiaire n'affleure que rarement au sein de ces formations alluvionnaires. Dès qu'on s'éloigne de ces terrasses si uniformément plates pour gagner le relief qui les domine, on entre en pleins dépôts mollassiques (sables à graviers, généralement siliceux, quelquefois agglutinés, ou argiles). Tout le pays situé entre le Tarn, l'Aveyron et la bordure du Plateau Central est entièrement constitué par ces dépôts meubles, recouverts par endroits, sur les sommets, de graviers qu'on peut attribuer au Pliocène (P. de la légende du Service) : aussi est-il très raviné, déchiqueté à l'infini; l'érosion a beau jeu sur un sol si tendre et si les graviers des sommets n'étaient pas si favorables au régime forestier, il serait bien vite réduit à son *état d'équilibre*. On peut traverser la feuille du nord au sud, entre les latitudes de Montauban et de Puicelcy, sans rencontrer d'autres formations que les terrasses quaternaires, la mollasse et les graviers P. Les calcaires lacustres de Cordes, qui constituent plusieurs niveaux fossilifères sur la feuille d'Albi, viennent sur celle-ci finir en coin au sein de cette molasse, dans les parages de Castelnau-de-Montmirail.

134

A l'ouest de ce chef-lieu de canton, on n'en trouve plus trace. M. Vasseur, qui a étudié ces calcaires sur Albi, les a nécessairement délimités dans cette partie nord-est de Montauban, où il a vu leur fin. En se reportant au compte-rendu fait, dans ce volume, par notre collaborateur principal, on aura des détails précis sur l'âge de tous ces dépôts. Mieux que personne, M. Vasseur, avec la si consciencieuse et si savante méthode qu'on lui connaît, a droit ici de parler de l'âge de ces formations, dont il a suivi l'épanouissement depuis leur première apparition dans le fond du bassin de l'Aquitaine (feuilles de Castres, Albi, Cahors).

Ma tâche, ingrate par sa monotonie, mais cependant inévitable, a donc consisté : 1° à séparer les graviers P. de la mollasse ; 2° à noter les divers gisements où cette dernière renferme des vertébrés; 3° à voir si, par place, elle ne présentait pas de bancs calcaires interstratifiés; 4° à étudier le rivage du tertiaire tout le long de la bordure occidentale et méridionale du Jurassique, du Trias et du Permien qui forment au nord-est de la feuille un promontoire bien intéressant dont l'étude a été faite par M. Fournier.

Séparer les graviers P. de la mollasse n'a pas été toujours bien simple. En effet, celle-ci est assez souvent graveleuse et, alors, il est facile de confondre les graviers pliocènes avec ceux provenant du remaniement mollassique. Ces derniers, assez fréquents dans la vallée du Tescounet, se tiennent aussi bien sur les pentes que sur les plateaux. Si on voulait les délimiter rigoureusement, ce serait d'abord très difficile, et ensuite, sur la carte ainsi faite, la mollasse constituerait alors l'exception, ce qui ne répondrait pas à la réalité.

Il est à remarquer que les graviers P. sont très abondants dans le voisinage du Plateau Central où ils s'entremêlent de galets calcaires.

J'ai noté quelques gisements de vertébrés, particulièrement dans les tuileries (Monclar-de-Quercy, Rabastens, Villemur, etc.). Je n'ai pu avoir en mains que de mauvais débris d'os; cependant, à Rabastens, j'ai su que l'*Anthracotherium minimum* avait été trouvé en bon état et que de grandes tortues avaient été découvertes à Monclar.

De nombreux vertébrés (*Anthracotherium, Paloplotherium, Cainotherium,* etc.) ont été déjà signalés par différents auteurs (Tournouer, M. Filhol, M. Vasseur, etc.), en divers points de la vaste étendue mollassique de la feuille de Montauban. Comme M. Vasseur le fera ressortir, on peut attribuer sans crainte au Stampien toute la mollasse située sur cette feuille au nord du Tarn.

Dans toute la région mollassique que j'ai parcourue, j'ai seulement constaté la présence d'un banc calcaire interstratifié sur les collines traversées par la route de Monclar à Puygaillard. Là, en effet, j'ai pu suivre, sur quelques kilomètres, la trace de ce banc qui naît dans les environs de Lials et se termine à Monclar même. Il est d'une épaisseur bien faible, souvent à l'état d'argile blanche, et malheureusement sans fossiles.

La partie la plus intéressante de mon travail a été l'étude du rivage tertiaire sur la bordure occidentale et méridionale des terrains anciens qui forment un promontoire du Plateau Central au nord-est de la feuille de Montauban.

J'ai constaté en quelques points, près de Montricoux (Gilat, Burgarel), des petits affleurements de *Sidérolithique* (argiles rouges avec nodules d'oxyde de fer) reposant directement sur le Jurassique.

Bien rares sont ces affleurements; ils sont vite recouverts par les graviers de la formation P. qui s'étalent au sud de Montricoux. Entre Bruniquel et Larroque, ces graviers, mélangés à une forte proportion d'argile s'éloignent un peu de la bordure jurassique et font place à une brèche remarquablement développée près de Larroque dans une encoche qui s'avance assez loin au sein des terrains anciens. Cette brèche, inférieure aux dépôts mollassiques, est constituée, à son contact immédiat avec le rivage ancien, par d'énormes blocs anguleux, empruntés au calcaire de ce rivage. Quand on s'éloigne de celui-ci, ces blocs diminuent de grosseur, s'entremêlent de parties argileuses, graveleuses et sableuses et la brèche passe ensuite à une mollasse à éléments d'abord grossiers, puis fins. Après le hameau de Laval, point terminal au sud du promontoire ancien, cette brèche est masquée par un épais manteau de graviers. Mais, vers Puicelcy, la brèche réapparaît avec un large développement. Son épaisseur dépasse souvent 100 mètres. En outre, au lieu d'être dure, résistante, elle est constituée par une pâte argileuse rouge englobant des blocs anguleux de quartzite ou de grès. Cette argile provient de la décomposition des schistes argileux du Permien qui présente aussi de nombreux bancs de grès durs; le Permien affleurant sur une grande étendue, la brèche se continue ainsi jusqu'au nord de la feuille. Je l'ai seulement suivie jusqu'au ravin de Saint-Martin-de-l'Espinasse où j'ai rejoint les contours faits par M. Vasseur.

Au sud, la mollasse recouvre bientôt cette formation de rivage. Mais, dans le voisinage des terrains anciens, les graviers prennent un développement remarquable; c'est ainsi que, entre Sainte-Cécile, près Gaillac, et le château de Terride, c'est-à-dire sur un parcours de 20 à 22 kilomètres, nous avons trouvé un épais manteau de graviers dont la direction est sensiblement est-ouest. Ces graviers cachent la mollasse sous-jacente même dans les ravins les plus entaillés par l'érosion; ils se prolongent plus au nord vers Puygaillard; là, ils sont moins nombreux et forment seulement de petits lambeaux sur les sommets.

J'ai complété ce travail par le tracé des alluvions récentes dans les vallées du Tescou, du Tescounet, de la Vire et des quelques autres affluents du Tarn de l'Aveyron.

FEUILLE DE CARCASSONNE

PAR

M. A. BRESSON
Préparateur à la Faculté des sciences de l'Université
Collaborateur adjoint.

Nous avons étudié, cette année, les formations tertiaires du quart sud-ouest de la feuille et les alluvions des vallées de l'Aude, du Fresquel et de l'Argendouble. Le relevé des contours dans la première portion a été fait sous la direction de M. Vasseur, le tracé des alluvions est le résultat de nos recherches.

Les alluvions anciennes sont surtout développées dans le cours moyen de l'Aude, où elles se montrent à deux niveaux, sous forme de terrasses.

A Trèbes, la terrasse inférieure est à 15 mètres environ au dessus du lit actuel de la rivière et la terrasse supérieure à 25 mètres. L'une et l'autre renferment des galets de quartz, souvent très volumineux ($0^m,35$ de grand axe), des quartzites, des schistes anciens, des calcaires à encrines, des granulites et gneiss granulitiques. Les roches éruptives y sont très altérées, suivant le cas ordinaire. L'épaisseur qui peut atteindre 3 mètres varie assez rapidement et l'on aperçoit même quelquefois la mollasse ou grès de Carcassonne qui sert de substratum aux terrasses. L'absence de restes de mammifères ou de silex taillés ne permet pas de préciser l'âge de ces niveaux qui paraissent appartenir le premier à l'époque de l'*Elephas primigenius*, le second à celle de l'*Elephas antiquus*.

Les alluvions de la vallée de l'Argentdouble sont aussi très développées aux environs de Peyriac-Minervois et de Rieux. On y observe également deux terrasses de galets provenant de la Montagne-Noire. Sur certaines buttes isolées entre Rieux et Laure quelques nappes peu épaisses de galets de quartz et quartzites sont plus anciennes et appartiennent au Pliocène.

Dans la vallée du Fresquel, au sud de Bram, des carrières pour l'exploitation du ballast présentent sur plus de 3 mètres des alternances de sables et de galets anciens où l'on a signalé *Elephas primigenius*.

L'Oligocène peu étendu forme un léger croissant entre Laurac et Saint-Gauderic. Il se compose de mollasses jaunes et de grès avec traces végétales à la base (Andromèdes).

Le calcaire de Villeneuve-la-Comptal (partie supérieure du Ludien) a été suivi jusqu'aux environs de Saint-Gauderic où il passe sur Pamiers. A partir de Laurac, il se divise en deux lits calcaires dont l'inférieur a fourni sur Pamiers des mollusques terrestres (*Bulimus lœvolongus et Helix*) et des dents de mammifères.

Le calcaire de Miraval (base du Ludien) se poursuit au delà de Fanjeaux jusqu'à Hounoux où il est fossilifère (*Bulimus lœvolongus, Strophostoma Helix, Glandina*) et par Lignairolles jusqu'à Cazals où il passe sur la feuille de Pamiers.

Entre ces deux bancs principaux sont compris quelques bancs de calcaire lacustre, bien représentés au sud d'Orsans. Le Baronien ne montre que des mollasses et quelques bancs de poudingues à l'exclusion de tout lit calcaire important.

Le calcaire grossier supérieur est à l'état de calcaires dont un banc a fourni *Strophostoma lapicida*, *Bulimus*, cf. *Subcylindricus*, de poudingues à galets pyrénéens et de mollasses. Les poudingues sont bien représentés au nord et à l'ouest de Villelongue.

Le calcaire grossier moyen est formé, à la partie supérieure, par un calcaire à nodules riches en mélanopsis, *Bulimus Hopei*, *B.* cf. *subcylindricus*, *Strophostoma lapicida*, *Planorbis pseudo-rotundatus*, et à la partie inférieure par des mollasses et des grès à Lophiodons (Labastide de Bouzignac) et par des poudingues révélant déjà à cette époque l'existence de la chaîne pyrénéenne.

Le Nummulitique forme la boutonnière de Tréziers dans l'angle sud-ouest où il est peu étendu.

Au dessous nous avons trouvé à Belcastel un affleurement de Garumnien et de Montien où le calcaire lithographique est bien représenté. Ce même calcaire, dans l'Alaric, renferme comme dans l'Ariège, des Cyclostomes qui n'avaient jamais été signalés sur la feuille de Carcassonne.

FEUILLE DE GOURDON

PAR

M. E. FOURNIER

Chargé de cours à la Faculté des sciences de l'Université de Besançon
Collaborateur adjoint.

La campagne de 1897 a été consacrée au relevé des contours du Jurassique supérieur et du Crétacé sur toute la moitié occidentale de la feuille de Gourdon.

Le Virgulien qui occupe la bordure de la vallée du Lot et le fond des vallées du Céou et de ses affluents, offre la même composition que sur la feuille de Cahors. Les fossiles y sont très abondants : *Exogyra virgula, Pholadomya hortulana, Terebratula,* cf. *subsella,* etc., etc.

La partie supérieure des marnes virguliennes passe à des calcaires bien lités présentant des alternances marneuses et qui contiennent avec *Exogyra virgula, Stephanoceras gigas* (environ de Saint-Pompon).

Au dessus viennent des calcaires blancs ou jaunâtres, feuilletés, souvent lithographiques [1] (exploités près de Daglan) des calcaires blancs compacts et des dolomies. Cet ensemble qui représente le Portlandien contient :

Protocardia cf. *Pesolina* Contej., *P.* cf. *Bannesiana* Thur., *Mactra* cf. *insularum* d'Orb., *M. Pidanceti* Coq., *Arcomytilus* sp. *Modiola* sp. *Salenia,* Sp. et de grosses *Nérinées* (Lac Bachaud près Campagnac-les-Quercy).

Le Portlandien se termine par des calcaires dolomitiques et des dolomies cloisonnées. Au dessus existent en certains points des marnes vertes contenant des rognons de silex, des calcaires dolomitiques, des dolomies très cloisonnées et des marnes jaunes. Cet ensemble pourrait représenter le Purbeckien, malheureusement on n'y rencontre pas de fossiles.

L'Infracrétacé paraît faire défaut à moins que sa base ne soit représentée par les marnes jaunes sans fossiles que nous avons réunies au Purbeckien.

Le Crétacé très bien développé débute par des calcaires blancs et des calcaires gréseux très fossilifères aux environs de Puy-Lévêque, de Cazals (La Léole) et de Domme. On y recueille : *Anorthopygus suborbicularis, Holaster nodulosus. Hemiaster Orbignyanus. Exogyra columba,* etc., etc. Ces calcaires appartiennent donc au Cénomanien.

Le Ligérien, constitué par un calcaire blanc un peu marneux, renferme : *Inoceramus labiatus. Anorthopygus Michelini, Mammites Rochebrunei,* etc.

L'Angoumien, beaucoup plus compact, contient : *Biradiolites cornupastoris Sphærulites* sp., *Hippurites* sp. *Linthia.*

Le Sénonien est formé de calcaires absolument pétris de fragments de coquilles; il est très difficile d'y établir des divisions qui puissent se suivre sur un espace assez étendu. La partie supérieure est riche en silex, les fossiles y sont presque tous silicifiés. Ce sont de nombreux polypiers, des *Echinobrissus* cf. *minimus,* des *Gryphea vesicularis,* etc., etc. Le Sénonien se termine dans la région étudiée par nous, par un banc marneux à *Gryphea vesicularis,* et *Sphærulites Coquandi*; nous n'avons donc là que de l'Emschérien. L'Aturien (calcaire de Saint-Astier) n'apparaît que plus au nord sur la feuille de Brive (signalé par M. Mouret).

[1] Ces calcaires présentent quelquefois des intercalations marneuses dans lesquelles on rencontre des débris de poissons et des fragments de végétaux (Gindou, près Cazals).

Le Tertiaire est représenté par les dépôts SIDÉROLITHIQUES qui recouvrent la majeure partie du bassin crétacé; ce sont des sables très siliceux, souvent ferrugineux contenant en certains points des amas de limonite (Montcléra, Saint-Martial, etc.), assez importants pour avoir donné lieu jadis à une exploitation. Le Sidérolithique forme une région couverte d'épaisses forêts de pins ou de châtaigniers faisant un contraste étrange avec la végétation des Causses calcaires voisins. Aux Gunies près Montcléra, j'ai découvert au dessus du Sidérolithique un petit lambeau de calcaire blanc d'eau douce contenant la faune des CALCAIRES DE CIEURAC.

Sur les plateaux de Bord et de la Borie blanche à l'est de Domme le Sidérolithique est couronné par une série de bancs de Meulière alternant avec des argiles vertes ou rouges plastiques. Ces meulières contiennent des Nystia; elles représenteraient donc l'INFRATONGRIEN et peut-être une partie du TONGRIEN.

Enfin, nous avons encore étudié les ALLUVIONS de la vallée du Lot où nous avons pu distinguer dans toutes les boucles convexes de la rivière d'épaisses terrasses d'*alluvions anciennes*; l'altitude des plus élevées atteint jusqu'à 50 mètres au dessus du niveau actuel du Lot. Les alluvions anciennes sont souvent séparées des modernes par un escarpement de Jurassique mais dans l'ensemble de ces alluvions anciennes il est impossible de distinguer plusieurs terrasses.

Tectonique. — La région explorée ne présente aucune faille importante; les plis y ont peu d'amplitude. Je n'ai observé que quelques dômes peu importants (Campagnac, Cazals, etc.), quelques cuvettes synclinales (Gindou, Tourniac) et plusieurs monoclinaux (routes de Caix à Mercuès, route de Lavercantière à Degagnac).

FEUILLE DE PÉRIGUEUX

PAR

M. Ph. GLANGEAUD

Préparateur au Collège de France, Collaborateur adjoint.

CRÉTACÉ

Tectonique. — Le Crétacé de la feuille de Périgueux que j'ai étudié cette année s'étend entre Saint-Angel et Saint-Philippe-de-Bourdeilles au nord;

Agonac, les Pilles et Négrondes, au sud. J'ai fait également une série de courses aux environs de Périgueux, Château-Lévesque et La Chapelle-Gounaguet. — Le Crétacé de cette région forme une série d'ondulations sur lesquelles je ne peux encore donner de résultats généraux ; je désire seulement signaler quelques faits.

Si le Crétacé plongeait régulièrement avec son pendage normal, du nord-est au sud-ouest, il affleurerait à peine sur 12 kilomètres, alors qu'il se montre sur environ 45 kilomètres de large. Les plissements et les dislocations font réapparaître plusieurs fois les mêmes couches, à des distances différentes de l'ancien rivage, ce qui permet ainsi d'étudier les variations de constitution de ces couches perpendiculairement à l'ancien rivage et à des points assez éloignés l'un de l'autre, et parallèlement à ce même rivage. Je crois que cette nouvelle étude donnera des résultats importants au point de vue de l'origine des sédiments. J'en dirai plus loin quelques mots.

Je signalerai d'abord un anticlinal, de direction est-ouest, que j'ai suivi sur 15 kilomètres, depuis Saint-Jean-de-Côle, jusque vers Saint-Julien-de-Bourdeilles. L'axe de cet anticlinal est formé en grande partie par le Provencien, mais l'allure des couches est assez complexe puisque l'Angoumien réapparaît six fois sur 15 kilomètres et forme l'axe de petits anticlinaux, perpendiculaires au premier.

A Chancelade, un grand anticlinal et une faille ramènent au jour, à 20 kilomètres des affleurements normaux, l'Angoumien et le Provencien.

Mais le fait le plus important que j'ai observé est l'existence d'une grande cassure, que j'ai suivie sur 30 kilomètres, depuis Saint-Félix-de-Bourdeilles jusqu'aux Pilles, près de Cornille, en passant par Saint-Front d'Alemps, La Chapelle-Faucher, Condat et Puy-Henry. La direction de cette faille est sensiblement nord-nord-ouest, sud-sud-est, des Pilles à La Chapelle, puis elle devient ouest-nord-ouest, est-sud-est.

Dans la portion comprise entre Saint-Félix et La Chapelle, les couches situées au nord de la faille ont leur allure normale, tandis que les assises situées au sud sont fortement relevées; en un mot, la lèvre sud de la faille est la lèvre exhaussée. L'Angoumien et le Provencien, ramenés au jour, viennent buter contre le Coniacien, le Turonien et le Campanien. A Puydibaud, c'est l'Angoumien qui bute contre le Campanien. C'est le point où la dénivellation est la plus considérable puisqu'elle fait disparaître trois étages : le Provencien, le Coniacien et le Santonien qui n'ont pas moins de 100 mètres d'épaisseur, mais cette dénivellation diminue de l'ouest à l'est. Au nord de Champagnac, c'est le Coniacien qui bute contre l'Angoumien. Il en est de même à La Chapelle. La dénivellation n'est ici que de 30 à 40 mètres. Mais à partir de La Chapelle, jusque près de Saint-Front, la faille se résout en un anticlinal qui fait réapparaître le Ligérien à Pierre-Brune, puis les assises sont de nouveau disloquées; mais tandis que le relèvement des couches se faisait au sud de la faille, il se fait ici au nord. A partir de Levraud, le Santonien et le Danien affaissés forment la lèvre sud de la faille, et le Ligérien, l'Angoumien forment la lèvre nord. A Boreau, le Provencien est mis en contact avec le Santonien supérieur et le Campanien. Plus au sud, vers Chauveyron, le Ligérien apparaît et la dénivellation atteint environ 100 mètres.

A partir de ce point, M. Mouret a suivi la faille au delà du Change et vers Thenon, de sorte que cette grande dislocation est connue sur environ 70 kilomètres. Elle est parallèle, d'une façon très générale, à la bordure du Plateau Central qui est déterminée, comme on le sait, par un système de failles (failles limites) faisant buter les terrains secondaires contre le massif central. On aurait donc, dans cette fraction du bassin de l'Aquitaine, deux systèmes de faillles ayant amené la formation d'un compartiment jurassique et crétacé limité par ces grandes cassures.

STRATIGRAPHIE

Les différents étages du Crétacé ont une constitution différente selon qu'on les observe près de l'ancien rivage, vers Champagnac-de-Bel-Air, Brantôme, Agonac, ou plus à l'intérieur du bassin, vers Périgueux. Nous essaierons plus tard d'expliquer à quelles causes sont dues ces différences. — Je n'ai observé le Cénomanien et le Ligérien qu'en bordure, les autres étages réapparaissent, au contraire, au centre du bassin.

Cénomanien. — Le Cénomanien qui repose sur le Bajocien ou le Bathonien est constitué par une série d'argiles et de grès calcarifères à *Ostrea flabellata* et *Ostrea biauriculata*.

Turonien. LIGÉRIEN. — Vers Quinsac, cet étage comprend : à la base des calcaires grumeleux, puis des calcaires schistoïdes à *Am. Rochebrunei, Inoceramus cuneiformis*, etc., surmontés par des calcaires gélifs se débitant en menus fragments et renferment *Am. peramplus*.

ANGOUMIEN. — L'Angoumien affleure en de nombreux points et il forme corniche au dessus des calcaires gélifs du Ligérien.

a) Faciès de bordure. — L'Angoumien, situé près de l'ancien rivage, vers Champagnac, Brantôme, La Chapelle-Faucher est, en général, formé de trois termes : à la base, des calcaires durs, compacts, quelquefois schistoïdes à *Sphærulites*; à la partie moyenne de calcaires tendres, pétris de *Radiolites lumbricalis* et de *Radiolites angulosus*. Ces calcaires sont exploités comme pierre de taille partout où ils affleurent.

L'Angoumien se termine par des calcaires noduleux schistoïdes.

b) Faciès du centre du bassin. — A Chancelade l'Angoumien ne comprend que deux termes visibles : à la base, des calcaires tendres à *Radiolites lumbricalis* et à la partie supérieure, des calcaires, très durs, à grain fin, exploités comme pavés.

PROVENCIEN. — Cet étage forme une partie des falaises si pittoresques de environs de Brantôme. Il affleure en de nombreux points. Il se montre sur 12 kilomètres depuis Saint-Pierre-de-Côle jusqu'à Valeuil.

a) Faciès de bordure. — A Brantôme, où il a une épaisseur de 25 à 30 mètres, il est constitué de la façon suivante :

4. Calcaire gris bleu, jaunâtre à l'air, un peu grenu, à fossiles dissous en partie et difficilement déterminables à *Trigonia scabra*, etc.

3. Calcaire blanc plus ou moins schistoïdes à *Orthopsis miliaris*.

2. Calcaire à grain fin, très dur, gélif, rempli de *Sphærulites radiosus* et *Sphær. Sauvagesi*.

1. Calcaire blanc schistoïde.

b) Faciès du centre du bassin. — La partie supérieure du Provencien passe à des calcaires grenus, un peu crayeux, exploités à Belaygues, Les Chabannes, etc.

Le Provencien des environs de Périgueux est beaucoup plus complexe que celui que j'ai examiné. La coupe en a été donnée par M. Arnaud. On peut grouper de la façon suivante les assises qui le constituent :

3. Série de marnes et de calcaires marneux à *Hippurites organisans, Hippurites dilatatus, Ostrea hippopodium, Periaster Verneuili*, etc.

2. Calcaires variés, grenus, schisteux, blanchâtres, à *Hippurites petrocoriensis, Hipp. Moulinsi*, etc.

1. Calcaire grenu, avec feuillets marneux, à grands Cérithes.

Tandis que les assises du Provencien sont plus calcaires et plus riches en *Sphærulites* au bord du bassin; elles sont plus marneuses et caractérisées surtout par des *Hippurites* au centre du bassin.

SÉNONIEN. — C'est dans les divers étages du Sénonien : le Coniacien, le Santonien et le Campanien, que les différences de constitution sont les plus grandes, quand on observe ces étages en bordure ou au centre du bassin.

D'une façon générale, le Coniacien, le Santonien et le Campanien sont constitués, à la périphérie du bassin, par des sédiments, en partie arénacés (il s'agit bien entendu du Crétacé que j'ai observé) et ne renfermant pas de silex. A l'intérieur du bassin, au contraire, on a un ensemble de couches plus calcaires, souvent chargées de mica, rarement de grains de quartz et dont certaines assises sont remplies de silex.

CONIACIEN. *Faciès de bordure.* — A Champagnac-de-Bel-Air, le Coniacien est constitué de la façon suivante :

3. Calcaire glauconieux, schistoïde, grisâtre ou gris bleuâtre, à *Orthopsis miliaris, Salenia scutigera, Rhynch. petrocoriensis*, lumachelle d'*Ex. auricularis*, nombreux Bryozoaires, etc.

2. Calcaire blanc, dur, compact, gélif, à *Ex. auricularis*.

1. Grès calcarifère, épais, avec souvent une stratification entre-croisée.

Ces grès qui forment entablement sur le Provencien supérieur, fournissent parfois des arènes sableuses assez étendues, car ils sont très épais (de 12 à

20 mètres). Ils sont de plus en plus calcaires à la partie supérieure et renferment des tige d'encrines, des *Ostrea* (*O. auricularis*) des Échinodermes (*Orthopsis miliaris*, *Nucleolites*, etc.

Faciès du centre du Bassin. — Les trois divisions que je viens d'indiquer peuvent être mises en parallèle avec les divisions du centre.

3. Série de calcaires durs, glauconieux, grisâtres ou verdâtres, chargés de mica et d'un peu de quartz avec, à la base, des assises renfermant des silex noirs. — Bryozoaires nombreux, *Ostrea auricularis* beaucoup moins abondantes qu'à la périphérie du bassin, *Rhynch.* sp. et *Micraster turonensis*. Ces calcaires sont activement exploités aux environs de Périgueux (pierre de Périgueux).

2. Calcaires variés, à silex noirs, compacts, blancs ou gris bleu, à *Am. petrocoriensis*.

1. Marnes grisâtres fossilifères, surmontées de calcaires marneux à Bryozoaires, *Am. petrocoriensis*, *Rhynch. petrocoriensis*.

SANTONIEN. *Faciès de bordure*. — Entre Champagnac et Cantillac, le Santonien présente la constitution suivante :

3. Calcaires assez durs, noduleux, glauconieux, à nombreux Bryozoaires, quelques Polypiers, *Rhynch. vespertilio*, *Ostrea vesicularis*, *Hemiaster nasutulus*.

2. Marnes schisteuses, grises ou gris noirâtres, pétries de myriades d'*Ostrea vesicularis*. Ce niveau est très constant dans toute la région.

1. Calcaires blanchâtres, assez durs, noduleux, un peu glauconieux, *Bryozoaires*, *Am. Texanus*, *Ostrea vesicularis*.

A Agonac les niveaux 1 et 3 sont plus riches en glauconie et renferment quelques silex.

Faciès du centre du bassin. — Les environs de Périgueux et de Château-Lévêque fournissent de bonnes coupes du Santonien, qui comprend de bas en haut :

3. Calcaires noduleux, schistoïdes, glauconieux, arénacés par places, à silex blonds ou noirs à *Ostrea vesicularis*, *Cyphosoma magnificum*, *Hemiaster nasutulus*, *Sphærulites Hœninghausi*.

2. Calcaires blancs, gélifs, schistoïdes à l'air, entremêlés de marnes, à nombreuses *Ostrea vesicularis*, *Rhynch. vespertilio*.

1. Calcaires gris bleuâtres, micacés, gélifs, à silex noirs, *Micraster turonensis*, à la partie inférieure, surmontés de calcaires plus durs, siliceux ou glauconieux, à silex noirs à *Rhynch. L'udesi*, nombreux débris d'Échinides, *Sphær. Coquandi*, etc.

CAMPANIEN. — Le Campanien est facilement reconnaissable en ce qu'il forme des taches blanches partout où il affleure.

Faciès de bordure. — A Cantillac il est ainsi constitué :

2. Calcaires gris bleu, un peu glauconieux, alternant avec des marnes feuilletées, finement micacées. Ces marnes sont en retrait sur les bancs calcaires

qui sont siliceux et rognonneux. Au centre du bassin et vers Puy-de-Fourches et Agonac, ces couches fournissent des silex. Ici, la silice ne s'est pas encore localisée sous cette forme.

1. Calcaires glauconieux, gris bleu, assez durs.

Cet ensemble de couches, assez épaisses, renferme de nombreuses *Ostrea Matheroniana* accompagnées de *Offaster pilula*, *Micraster laxoporus*, *Rynch. contorta*, etc.

Faciès du centre du bassin. — A La Chapelle-Gounaguet, Champcevinel, le Campanien comprend des calcaires marneux et des marnes gris bleu, dans la profondeur, alternant avec des bancs assez durs de calcaires siliceux, renfermant des silex laiteux, blanchâtres, différents de ceux du Santonien supérieur, qui sont noirs.

La faune de ces couches est extrêmement riche. J'y ai recueilli : *Rhynch. contorta, Micraster Carentonensis, Hemiaster excavatus, Ostrea vesicularis, Ostrea Matheroniana* (nombreuses), *Ostrea lunata, O. acutirostris*, etc.

Dans toute la région, le Coniacien et le Santonien ont été fortement décalcifiés, et sont recouverts en partie par des argiles à silex, résidu de la décalcification. Le Campanien, au contraire, qui est en partie siliceux, a beaucoup mieux résisté, aussi n'est-il pas recouvert par des argiles à silex ou, si elles existent, elles n'ont qu'une très faible épaisseur.

FEUILLE DE PÉRIGUEUX

PAR

M. G. MOURET

Ingénieur en chef des Ponts et Chaussées
Collaborateur principal.

Nos explorations sur la partie de la feuille dont la préparation nous a été confiée, sont complètement terminées. Elles portent sur toute la région située à l'est d'une ligne passant sensiblement par Nontron, Négrondes et Périgueux[1], c'est-à-dire sur les terrains cénomaniens, jurassiques et cristallins de la

---

[1] Les explorations des environs de Périgueux (Turonien et Sénonien) ont été faites avec beaucoup de soin par MM. Durand et Gueylard, conducteurs des Ponts et Chaussées.

feuille, avec leurs recouvrements par les sables du Périgord. Nous avions déjà tracé, antérieurement à l'année 1890, outre la bordure liasique, toutes les failles et fractures de la zone de bordure du Plateau Central jusqu'à Varaignes (feuille de Rochechouart), notamment celles mentionnées par notre collègue, M. Glangeaud, dans le compte rendu de 1896. La longue faille de Meyssac a été suivie par nous jusqu'à Pyles, au nord de Périgueux.

Nous n'indiquerons que les principaux résultats se rapportant aux terrains cristallins de la feuille. Ces terrains comprennent : arkoses, phyllades, leptynites, gneiss, amphibolites, granites, granulites, microgranulites, quartz, porphyrites, diabases et serpentines.

Les *arkoses* et *phyllades*, formant la bordure du massif cristallin sur la feuille de Tulle, se prolongent sur celle de Périgueux jusqu'à Saint-Jean-de-Côle ; elles sont aussi traversées par des filons de diabases. Une faille sépare cet ensemble du massif gneissique, et une autre faille, déjà reconnue sur la feuille de Tulle, sépare les arkoses des phyllades. Nous avons déjà décrit les granites normaux et les granites froissés (*porphyroïdes*) qui se sont développés au sein de ces couches.

Les *couches* de *gneiss* et de *leptynites* dirigées N.-O.-S.-E., sur la feuille de Tulle avec pendage au sud-ouest, s'infléchissent brusquement vers le sud-ouest à partir du méridien de Jumilhac, et viennent buter contre la faille limitative des phyllades. Entre Saint-Jean et Nontron, les couches reprennent leur direction primitive nord-ouest, mais avec plongement au nord-est. Il est probable qu'une fracture passant par Saint-Martin-de-Fressinges et Saint-Jory-de-Chalais, sépare les deux systèmes de couches, mais nos relevés de direction, quoique nombreux, ne le sont pas encore assez pour permettre d'en tirer des conclusions certaines.

Les deux bandes de *leptynites* observées sur la feuille de Tulle, au sud de Saint-Yrieix, se prolongent sur celle de Périgueux, et viennent s'éteindre entre Saint-Paul-la-Roche et Pierrefiche. Ces leptynites qui, d'après nos observations sur la région de Tulle, paraissent n'être que des arkoses très métamorphiques, représentent peut-être le niveau arénacé affleurant plus au sud entre Thiviers et Lanouaille et adjacent aux phyllades.

Les *schistes cristallins*, abstraction faite des métamorphismes granitiques, se présentent à l'est de la feuille sous forme de gneiss très micacés, mais au delà du méridien de Chalais, ces gneiss se prolongent insensiblement par des schistes sériciteux à minéraux, semblables à ceux qui forment la zone de séparation entre les gneiss et les phyllades. Ces schistes sériciteux se suivent sur la feuille de Rochechouart jusqu'au delà des limites du département.

Les *amphibolites* sont rares et peu développées. Ce fait est à rapprocher du moindre développement des gneiss, c'est-à-dire de la faible intensité du métamorphisme général *qui est loin de présenter*, même à un niveau déterminé, comme le prouvent aussi nos études antérieures, l'uniformité qu'on s'accorde encore de nos jours à lui supposer.

La *granulite*, très développée sur la feuille de Rochechouart entre Bussière-

Galant et Champs-Romains, pousse une apophyse sur la feuille de Périgueux jusque près de Saint-Martin-de-Fressinges. Le *granite*, déjà signalé par les auteurs, et qui forme un vaste massif entre Bussière-Badil et Nontron sur la feuille de Rochechouart, n'entame que très peu la feuille de Périgueux (au sud-est de Nontron).

Des *schistes* et *gneiss granulitisés* s'observent sur une partie du pourtour du massif de la granulite, alors que d'autres parties sont nettes de toute modification des roches extérieures. Cette dissymétrie dans les phénomènes de formation de la granulite est générale; elle se constate aussi sur la feuille de Tulle. D'un côté du massif l'action métamorphique à laquelle est due, à notre avis, la *transformation des schistes en granulite* s'est trouvée brusquement limitée, d'un autre côté elle s'est propagée en s'affaiblissant graduellement.

Outre les auréoles de granulitisation, il convient aussi de signaler l'existence de lentilles isolées, savoir : entre Saint-Martin-de-Fressinges et la Maroussie, et dans la vallée de l'Isle au sud-ouest de Jumilhac.

Le massif granitique est également entouré de roches modifiées.

Les *microgranulites* et les *porphyrites* sont en rares filons, subordonnées au massif de granulite.

Les *serpentines* sont représentées par un amas relativement considérable au nord de Sarrazac et par des amas peu importants aux Riffes et à l'ouest de La Coquille. Ces amas n'avaient pas encore été signalés. Ceux de Saint-eJan-de-Côle, de Saint-Paul-la-Roche et du Codere près La Coquille sont connus depuis longtemps.

Les serpentines de la feuille de Périgueux forment l'extrémité sud-ouest de la traînée qui commence à l'est du Lonzac (feuille de Tulle) et qui encercle extérieurement la zone des leptynites. Elles n'ont pas de relations apparentes avec la distribution des masses granitiques. Il faudrait, peut-être, les considérer comme une auréole éloignée du massif gneissique d'Uzerche, et alors en connexion, malgré leur allure éruptive, avec le métamorphisme général.

Les *diabases*, probablement postérieures aux phyllades qui les encaissent[1], accompagnent la zone de granitisation qui commence à Travassac (feuille de Tulle) et se poursuit jusqu'au delà de Thiviers (feuille de Périgueux).

En résumé, abstraction faite de serpentines, la distribution des roches éruptives de la région paraît bien en relation avec celle des masses granitiques.

Les phénomènes de silicification sont fréquents, mais à part les concentrations quartzeuses au sein de la granulite, ils ne s'observent que le long des failles. Ils sont, d'ailleurs, remarquables par leur intensité, notamment à l'est de Saint-Pardoux où les grès tertiaires silicifiés forment de pittoresques rochers, et à Saint-Jean-de-Côle où affleurent des schistes, phyllades et diabases silicifiés, qui avaient été déjà signalés par Delanoue en 1837. La serpentine des Riffes est également silicifiée sur l'un de ses bords. Il est probable qu'un

---

[1] Nous avions, dans un précédent compte rendu, émis une opinion contraire basée sur la régularité et l'interstratification des couches. Cependant la distribution de ces couches accuse plutôt une origine intrusive; d'autre part, il y a absence de tufs.

relevé minutieux des roches silicifiées donnerait des indications sur l'existence des failles qui ont pu nous échapper.

Les conditions de gisement de granites et granulites de la feuille de Périgueux sont les mêmes que celles des masses similaires des feuilles de Tulle et de Brive. Sur les bords de ces masses, les couches schisteuses n'ont subi aucun dérangement; elles se prolongent souvent, toujours sans dérangement, dans la masse granitique et s'observent aussi à l'état d'enclave conservant l'orientation générale. Les granites de la région du Sud-Ouest de la France, répétons-le encore, ne paraissent pas être des roches d'origine étrangère, plastiques, venant disloquer les schistes, mais bien plutôt des roches formées *sur place* au dépens de ces schistes. Ce ne seraient point, dans cette hypothèse, des roches véritablement éruptives.

Certains de leurs filons (filons de quartz, de granulite et de pegmatite) ont cependant une origine différente, du moins un mode de formation différent, car il y a lieu de supposer que la localisation de *l'activité interne*, matérialisée aujourd'hui sous le nouveau nom de *magma*, est la même pour les granites ou gneiss granitiques et les filons qui leurs sont subordonnés.

———

FEUILLE DE VILLERÉAL

PAR

M. J. RÉPELIN

Docteur ès-sciences, Collaborateur adjoint.

———

Les explorations de l'année 1897 ont été particulièrement intéressantes. Elles ont porté :

1º Sur la partie sud de la feuille au 1/80000ᵉ de Villeréal et nord-ouest de celle d'Agen ;

2º Sur l'angle sud-est de celle de Montauban ;

3º Sur l'angle nord-est de celle de Toulouse.

En ce qui concerne la feuille de Villeréal, j'avais été chargé par M. Vasseur de suivre les affleurements du calcaire à *Paleotherium* de la tranchée des Ondes, près Libos (Éoc. sup.) et du Calcaire de Castillon, dans le sud de la feuille de Villeréal pour établir les raccords avec la feuille d'Agen et déterminer en même temps l'âge des affleurements calcaires qui se montrent sur la feuille d'Agen au nord de Villeneuve-sur-Lot et aux environs de Tonneins.

J'ai donc étudié d'abord soigneusement la succession des couches tertiaires que l'on peut observer en partant des Ondes pour gravir le coteau de Monségur. La coupe est la suivante :

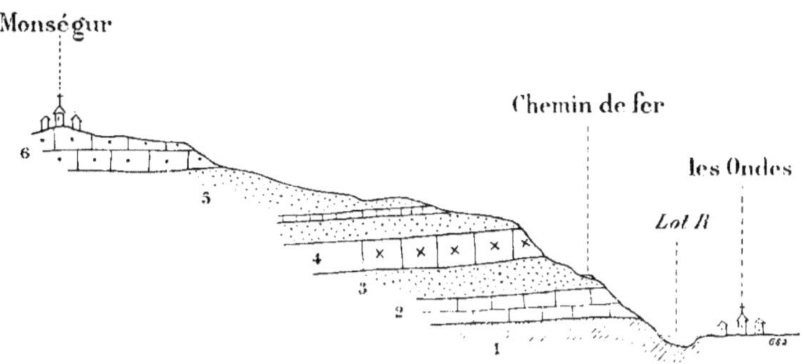

1, sidérolithique ; 2, calc à *Paleotherium* ; 3, mollasse sannoisienne ; 4, calcaire sannoisien supérieur ; 5, mollasses stampiennes ; 6, calcaires de l'Agenais (*Aquit.*).

Les couches sont sensiblement horizontales en ce point, mais elles se relèvent vers le nord-est aux environs de Monsempron où le calcaire à *Paleotherium* et la mollasse qui le surmonte passent latéralement au sidérolithique. Au dessus du calcaire des Ondes à *Paleotherium, Xiphodon, Cyclostoma formosum, Melanopsis mansiana*, s'observe un premier lit de sables et grès mollassiques, d'une quinzaine de mètres d'épaisseur, que surmonte le calcaire de Castillon si pauvre en fossiles dans la région, mais dont l'âge a été déterminé par la stratigraphie. Une assise mollassique très importante, de plus de 100 mètres de puissance et présentant une petite intercalation calcaire à la base surmonte cette série, et l'ensemble est couronné par une table calcaire assez puissante : le calcaire blanc de l'Agenais. Une coupe identique s'observe, de bas en haut, au nord-est de Monflanquin. M. Vasseur avait amorcé les contours en ces deux points. Entre Monségur et Monflanquin la vallée de la Lède, moins profonde que celle du Lot et du ruisseau de Monflanquin, n'atteint pas le calcaire à *Paleotherium* que je n'ai plus retrouvé nulle part sur toute la bordure sud-ouest de la feuille.

Mais il n'en est pas de même du calcaire de Castillon qui, lui, se montre bien développé sur les flancs de la vallée de la Lède, près de Brondol et plus haut aux environs de Lacaussade. J'ai pu le suivre vers l'ouest depuis ce village jusqu'à Ledat, dans la même vallée. Il se montre encore dans la vallée de la Saoune, mais disparaît vers l'ouest autour de Montclar où l'on n'observe plus aucun horizon calcaire dans les mollasses inférieures au calcaire de l'Agenais qui couronne la butte. Il faut aller de là assez loin vers l'ouest dans la vallée du Tolzac pour retrouver un calcaire qui paraît être au niveau du calcaire de Castillon ; c'est donc sous la teinte de ce calcaire qu'il sera figuré soit dans l'angle sud-ouest de Villeréal, aux environs d'Auvergnas, soit dans l'angle nord-ouest d'Agen. Une observation intéressante faite au cours de ces études m'a permis en outre de déterminer l'âge de la formation épaisse de silex qui recouvre certains plateaux aux environs de Montclar, tels que ceux de Maurasse et du château de Missandre. Cette formation résulte de la décalcification du calcaire de l'Agenais. Je l'ai vue, en effet, en plusieurs points passer au calcaire de l'Agenais. Elle en contient d'ailleurs encore les fossiles à l'état de moules parfaitement nets.

FEUILLE DE MONTAUBAN

PAR

M. J. RÉPELIN
Docteur ès-sciences, Collaborateur adjoint.

J'ai achevé, sur la feuille de Montauban, la délimitation des terrasses quaternaires qui s'élèvent au dessus de la basse plaine et dont j'avais parlé dans le précédent compte rendu. J'ai donc eu à étudier tout le pays compris entre les limites sud-est de la feuille et une ligne courbe passant par Paulhac, La Magdeleine, Mirepoix, Roquemaure, Rabastens et toute la bordure septentrionale de la plaine de Gaillac.

Dans cette étendue, la plaine basse se trouve à une hauteur très considérable au dessus du lit des rivières Tarn, Agout, Dadou, et partout on voit apparaître dans les berges les terrains oligocènes sous-jacents.

Le talus qui limite au nord la première terrasse, talus que j'avais suivi depuis les environs de Montauban jusqu'à La Magdeleine, suit à partir de ce point la rive gauche du ruisseau de Rieutort; il se poursuit ensuite suivant les sinuosités des vallées à une distance de 2 kilomètres environ de Buzet et de Saint-Sulpice. Il subit non loin de cette ville un rejet brusque vers le sud et pénètre dans la vallée de l'Agout. La terrasse s'élève en ce point à 141-144 mètres. La même terrasse, d'une altitude comprise entre 141 à Baylessac et 154 près de Brens, se retrouve en traversant l'Agout pour suivre vers l'amont la vallée du Tarn. Le talus qui la sépare de la plaine basse chemine en ligne à peu près droite depuis les environs de Saint-Vaas jusqu'à Montans et Brens près de Gaillac, et la mollasse stampienne apparaît d'une manière presque constante le long de ce talus, fréquemment recouverte en partie par de l'éboulis. Elle apparaît également dans les vallées profondes, notamment dans les ruisseaux de Parizot et de Montans.

La deuxième terrasse présente aussi un talus très net que j'ai pu suivre comme le précédent. Il décrit une série de courbes qui, dans les grandes lignes, présentent un parallélisme remarquable avec le talus de la première terrasse. Après avoir contourné la forêt de Buzet, ce talus, un moment interrompu par le ruisseau de Marignol, se retrouve très net dans les environs de Saint-Sulpice, à 1 kilomètre ou 2 du précédent. Profondément entaillée en ce point par une série de ruisseaux, la terrasse de 165 à 167 mètres d'altitude laisse voir, dans chacun d'eux, un affleurement mollassique recouvert en partie par les éboulis caillouteux du Quaternaire. En traversant l'Agout, on retrouve sur la rive gauche du Tarn la même terrasse dont l'altitude croît progressivement, en remontant la vallée, de 181 à 208 mètres. Elle débute un peu au nord-ouest de Saint-Lieux et le talus de séparation avec la première chemine parallèlement à celui qui séparait la première terrasse de la basse plaine. Comme partout, les vallées profondes montrent la mollasse sousjacente. Enfin les graviers des plateaux se présentent dans tous le pays compris entre Giroussens, Parisot, La Vergnade, la Martinié, d'une part, et la ligne des collines élevées qui dominent les deux plaines quaternaires de la vallée du Dadou. On les retrouve aux environs de Briatexte, sur la rive gauche du Dadou. J'ai déjà dit que je reviendrais avec plus de détail sur le quaternaire de cette feuille dont l'étude présente un grand intérêt.

Quant aux terrains oligocènes qui affleurent dans les vallées du Tarn, de l'Agout et du Dadou dans ce quart sud-est de la feuille de Montauban, ils sont en grande partie stampiens. Inférieurs aux masses mollassiques de la région de Fronton et de Villaudric, à *Helix Ramondi*, ils sont supérieurs aux couches calcaires à *Melania albigensis*. Ils ont d'ailleurs fourni en plusieurs points des fossiles stampiens. On peut citer les genres *Anthracotherium* et *Paloplotherium*, dans les berges du Tarn entre l'Isle-d'Albi et Rabastens, *Acerotherium* et *Paloplotherium* à Montans.

Cependant le Sannoisien est probablement représenté dans la vallée du Dadou aux environs de Briatexte. J'en donne les raisons à propos de la feuille de Toulouse.

FEUILLE DE TOULOUSE

PAR

M. J. RÉPELIN
Docteur ès-sciences, Collaborateur adjoint.

J'ai fait quelques tournées dans la partie nord-est de la feuille de Toulouse en vue d'établir l'âge des mollasses qui affleurent aux environs de Briatexte. Il est, en effet, impossible de déduire leur âge de celui des terrains limitrophes d'Albi avec lesquels elles sont en continuité, car les alluvions et les graviers. des plateaux masquent presquent partout le tertiaire et empêchent les observations. Il n'en est pas de même dans l'angle nord-est de Toulouse. Au sud de Briatexte, à Saint-Martin-de-Casselvi un niveau calcaire peu étendu, mais des plus intéressants se montre à la partie tout à fait supérieure des mollasses. La faune malacologique étudiée par Noulet est celle du calcaire de Cordes : *Helix briatextensis, H. Raulini, H. corduensis, H. cadurcensis, Limnea albigensis, L. cadurcensis,* etc. Noulet signale également *Anthracotherium magnum* et considère ce calcaire comme éocène. J'ai recueilli moi-même un certain nombre de fossiles : quatre espèces d'*Helix*, dont deux de celles signalées par Noulet et deux que leur état de conservation ne permet pas de déterminer, des Limnées, Planorbes, etc. Mais ce qu'il y a de plus intéressant, c'est que ces couches m'ont fourni un assez grand nombre de débris de Vertébrés actuellement à l'étude. J'ai pu vérifier la présence d'un *Anthracotherium* de grande taille. L'âge de ces calcaires n'est pas douteux : c'est le niveau de Cordes et de Cieurac, c'est-à-dire le Stampien supérieur. D'ailleurs sa position stratigraphique seule faisait prévoir son âge ; il occupe, en effet, la même situation que le calcaire de Missècle (feuille de Castres) par rapport au calcaire de Saint-Paul-Cap-de-Joux.

Dans le fond de la vallée de l'Agout apparait un calcaire en continuité avec celui de Saint-Paul. Il se trouve à la partie inférieure de nos terrains oligocènes dans cette partie de la feuille de Toulouse. Connu par les travaux de M. Vasseur qui l'a suivi depuis le Mas Saintes-Puelles et Villeneuve-la-Comptal jusqu'à Saint-Paul, ce calcaire qui ne s'était jamais montré fossilifère sur la feuille de Castres, m'a fourni à Jonquières de nombreux fossiles. La faune est celle des calcaires de Villeneuve et du Mas : *Ischurostoma (Megalomastoma) formosum* Boubée v. *minuta, Planorbis crassus* M. de Serres, *Limnea ore longo* Boubée.

Il est intéressant de remarquer que l'on trouve ici à la partie supérieure de l'éocène supérieur le *M. formosum* v. *minuta* qui généralement se trouve à la partie inférieure.

Ce calcaire réapparaît dans le lit du Dadou. La base de la série tertiaire de Briatexte appartient donc à l'éocène supérieur. Le Sannoisien paraît représenté par quelques mètres de mollasses à la partie supérieure desquelles se montre un niveau calcaire assez fugitif ne présentant pas de fossiles, mais qui paraît occuper la place du calcaire à *Melania albigensis* et qui servirait ici de support aux mollasses stampiennes. La coupe entre Briatexte et Jonquières est la suivante :

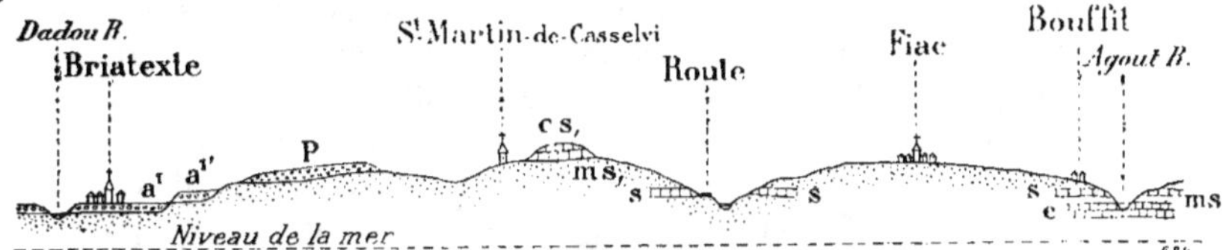

Echelles : Longueur au 40.000ᵉ; hauteurs au 10.000ᵉ.

LÉGENDE

a¹ Alluvions anciennes de la basse plaine de Briatexte;
a¹' Alluvions anciennes (1ʳᵉ terrasse);
p Graviers des plateaux et des pentes;
e Calcaire deSaint-Paul(Éocène supérieur);

ms Mollasse sannoisienne;
cs Calcaire marneux sannoisien p. b. t. équivalent du calciare à *Melania albigensis*.
ms, Mollasse stampienne;
cs, Calcaire stampien.

FEUILLE DE CARCASSONNE

PAR

M. G. VASSEUR
Professeur à la Faculté des sciences de l'Université d'Aix-Marseille
Collaborateur principal

ET

M. BRESSON
Préparateur à la Faculté des sciences de l'Université de Besançon
Collaborateur adjoint.

Suivant dans la direction de l'est, l'horizon calcaire à *Bulimus Hopei* de La Bastide-de-Bousignac[1], nous avons constaté que ce niveau se poursuit

[1] Voir la notice précédente.

sur le pourtour de la boutonnière nummulitique de Lagarde et de Tréziers. Au nord-est, cependant, ce calcaire est limité *par une faille très importante*[1] qui se dirige au sud-est vers Corbières, Courtauly et la butte 572 mètres (route de Foix à Limoux). Du côté nord de la faille, l'assise à *Bulimus Hopei* rejetée de 15 kilomètres environ au sud-est, reparaît vers Saint-Benoist (feuille de Quillan) ; elle passe au nord de Castelreng et de Magrie et dans toute cette étendue renferme de nombreux fossiles : *Planorbis pseudo-ammonius* Schl., *Limnæa Michelini* Desh., *Dactylius (Bulimus)*, cf. *subcylindricus* Math., *Strophostoma lapicida* Leufroy sp., *Melanopsis dubiosa* Math. Malheureusement le dépôt calcaire ne se continue pas dans cette direction et il est remplacé, dans les environs de Limoux, par des couches mollassiques. En prenant pour lignes directrices les bancs de poudingues qui, sur de grandes étendues, accompagnent l'horizon que nous venons de signaler, on peut toutefois s'assurer que le prolongement de notre banc fossilifère irait passer à Gardie et vers Saint-Hilaire. Or il est important de remarquer que dans cette région, une masse très considérable de mollasses et de poudingues sépare le niveau que nous avons suivi, du calcaire de Ventenac qui est immédiatement superposé au nummulitique.

Les poudingues et les mollasses qui recouvrent la zone à *Bulimus Hopei*, nous ont offert, dans l'angle sud-ouest de la feuille, de nouvelles intercalations de calcaire lacustre à *Strophostoma lapicida* et *Dactylius* cf. *subcylindricus*. Ces niveaux fossilifères montrent qu'il faut attribuer au Lutétien une partie assez notable des formations littorales désignées dans leur ensemble sous le nom de *poudingue de Palassou*.

Au sud-ouest, ces couches s'arrêtent à la faille déjà mentionnée, mais on peut les suivre vers l'est jusque dans les environs de Villelongue et de Loupia.

Le plus élevé de ces horizons calcaires se perd au voisinage de Pomy, mais les bancs de poudingues entre lesquels il est compris, passant au nord de Loupia, se dirigent vers Pauligne et Gaja, pour remonter ensuite au nord-est vers Cépie et Montclar. Auprès de Touloury, ces couches rencontrent une grande faille au nord de laquelle les bancs redressés à la verticale se dirigent vers l'Alaric.

Il résulte de ces observations *que les mollasses et les poudingues situés au sud-est et à l'est de la ligne que nous venons de tracer, appartiennent au Lutétien*; la zone à *Bulimus Hopei* permet en outre de distinguer dans cet ensemble deux divisions correspondant approximativement aux parties moyenne et supérieure du calcaire grossier parisien.

L'un de nous[2] avait déjà démontré stratigraphiquement que les grès à *Lo-*

---

[1] Cette faille si remarquable n'a été signalée par aucun géologue. Voir les coupes de Pouech, *Bull. Soc. géol. de France*, 2e série, t. XXVII, p. 279 et 3e série, t. XIV, p. 278, et Leymerie, *Bull. Soc. géol. de France*, 3e série, t. II, pl. IV.

[2] Vasseur, *Bull. des services de la Carte géol. de la France*, n° 37, t. V, p. 15. (Cette assimilation a été proposée par M. Matheron dès l'année 1868, et acceptée par M. Mayer Eymar en 1882, *Bull. Soc. géol. de France*, t. X, tableau, p. 636.)

phiodon d'Issel passent latéralement au calcaire à *Planorbis pseudo-ammonius* du bassin de Saint-Ferréol près Revel et par suite appartiennent au Lutétien supérieur. Une étude complémentaire, basée sur les données précédentes, nous permettra de fermer au nord la limite du Lutétien et du Bartonien, mais d'ores et déjà nous pouvons déduire de nos observations, que *les mollasses à Lophiodon, dites mollasses de Carcassonne, sont lutétiennes et non bartoniennes.*

Le Bartonien est représenté dans cette région par une masse puissante de mollasses avec bancs de poudingues et de graviers intercalés. Cette formation est limitée à sa partie supérieure par le calcaire à *Palæotherium* de Miraval, niveau du gypse à *Ischurostoma (Cyclostoma) formosum* du Mas Sainte-Puelles (feuille de Pamiers) et du calcaire de Cuq et de Vielmur, dans le Castrais. Cette assise qui passe par la Cassaigne et Fanjeaux a fourni dans les environs d'Hounoux un gisement fossilifère[1] extrêmement remarquable et contenant avec le *Dactylius lævolongus* et la *Glandina costellata* Sandb., *Planorbis castrensis* Noul., *P. crassus* M. de Serres, de nombreux *strophostomes* de grande taille, *S. globosa* Dum. et des espèces nouvelles de limnées et d'*Helix.*

Dans la vallée de l'Ambrole, le niveau de Miraval et d'Hounoux passe au sud de Cazal-des-Bayles et rencontre la faille à peu de distance de Mirepoix.

L'éocène supérieur de la feuille de Carcassonne comprend, avec l'horizon déjà mentionné, une formation mollassique d'une très grande épaisseur et qui présente, avec des intercalations de poudingues et de graviers, plusieurs bancs de marnes et de calcaire lacustre.

La plus intéressante de ces couches est celle que l'on peut suivre jusque sur la feuille de Pamiers, au nord du château de Bedou où elle renferme une faune de mollusques et de vertébrés appartenant en partie à des espèces nouvelles. Nous avons déjà signalé dans ce gisement la présence de *Dactylius lævolongus.*

Le Ludien se termine enfin à sa partie supérieure par le calcaire de Villeneuve-la-Comptal depuis longtemps célèbre par les beaux fossiles qu'il renferme.

Contrairement à l'opinion émise par Leymerie[2], cette dernière assise peut très bien se suivre vers le sud, où on la voit passer près de Laurac et se continuer jusqu'au gué du ruisseau de Bouissonnade, au sud de Cazalrenoux; elle se relève ensuite pour former le sommet des hauteurs situées à l'ouest d'Orsans (buttes 387 mètres et 404 mètres).

L'*Oligocène* n'est représenté que sur une très faible étendue, sur la lisière occidentale de la feuille; il se compose de mollasses généralement très argileuses, jaunâtres, très fines, souvent litées et même feuilletées (faciès de *boues avec pistes et gouttes de pluie*); nous rapportons ce dépôt à l'étage sannoisien.

---

[1] La découverte de ce gisement est due à M. Bresson.
[2] Leymerie, *Bull. Soc. géol. de France*, 3ᵉ série, t. II, p. 78 et 79.

FEUILLES DE PAMIERS ET CARCASSONNE

PAR

M. G. VASSEUR
Professeur à la Faculté des sciences de l'Université d'Aix-Marseille
Collaborateur principal.

Pamiers et Carcassonne. — Les résultats que nous avons obtenus dans l'exploration de la partie occidentale de la feuille de Carcassonne sont si nouveaux et ont une telle importance que nous devrons leur consacrer une publication spéciale de quelque étendue. Les cadres de ce bulletin nous permettent seulement d'exposer les conclusions de notre travail.

On sait que les *mollasses* dites *de Carcassonne* sont depuis longtemps attribuées à *l'étage bartonien* [1], et que d'autre part, les *poudingues de Palassou* ont été considérés comme une formation complexe, offrant dans ses parties inférieures, des restes de *Lophiodon* [2], et plus haut, dans les environs de Sabarrat, des intercalations de marnes et de calcaires lacustres contenant les mollusques caractéristiques de l'éocène supérieur [3].

Cette puissante formation détritique avait été « déclarée par Hébert lui-même peu divisible et par Leymerie indivisible absolument [4] ». La nécessité d'y établir cependant des plans de division et des lignes directrices, en partant des points fossilifères connus, nous a déterminé à examiner en premier lieu les environs de Sabarrat et de Mirepoix.

Cette étude nous a permis de constater que *l'horizon inférieur des calcaires lacustres de Sabarrat est caractérisé par le* PLANORBIS PSEUDO-AMMONIUS *typique*. Les *Helix* qui accompagnent cette espèce se retrouvent d'ailleurs près de Castres, dans le Causse de Labruguière [5].

Le calcaire supérieur de Sabarrat nous a fourni avec l'*Ischurostoma (Cyclostoma) formosum*, var. *minuta* Noul., des planorbes d'une conservation malheusement défectueuse, mais qui pourraient se rapporter aux espèces. *P. cas-*

----

[1] Hébert, *Bull. Soc. géol. de France*, 3e série, t. X, 1882, p. 534; Mayer-Eymar, *loc. cit.*, tableau, p. 636.

[2] Pouech, *Bull. Soc. géol. de France*, 3e série, t. XIV, p. 277.

[3] Noulet. *Comptes rendus de l'Académie des sciences*, t. XLV, 14 déc. 1857 et t. XLVI, 15 fév. 1858; *Bull. Soc. géol. de France*, 2e série, t. XV, p. 277; Pouech, *Bull. Soc. géol. de France*, 2e série. t. XVI, 21 fév. 1859 et t. XXVII. 20 déc. 1869.

[4] Pouech, *Bull. Soc. géol. de France*, 3e série, t. XV, p. 201.

[5] Voir *Feuille géol. de Castres*, au 1/80.000.

trensis Noul. et *P. crassus* M. de Serres depuis longtemps signalées dans cette localité.

Il résulte de ces observations que les poudingues et les mollasses inférieurs au calcaire à *Planorbis pseudo-ammonius* de Sabarrat, sont *lutétiens et non bartoniens* comme on l'avait supposé jusqu'ici. Ce calcaire lui-même est synchronique du calcaire grossier supérieur du bassin de Paris ; enfin contrairement à l'opinion qui s'est accréditée depuis la publication de Noulet en 1857[1], les couches sus-jacentes (alternances de marnes et calcaires, de mollasses et de poudingues), loin de représenter l'éocène supérieur, sont tout au plus bartoniennes, si même elles n'appartiennent pas en partie à l'étage lutétien.

Le Ludien commencerait seulement avec le calcaire supérieur à *Planorbis crassus* et comprendrait la grande masse de poudingues superposée à cet horizon, mais il nous paraît nécessaire de faire encore des réserves à ce sujet.

En suivant vers l'est les niveaux de Sabarrat, nous avons constaté que les couches attribuées par Hébert à l'éocène supérieur, dans la coupe de Varilhes[2], doivent pour la plupart, redescendre comme celles de Sabarrat dans l'éocène moyen.

En avançant dans cette direction, on voit les calcaires d'eau douce se perdre d'abord au milieu des mollasses et des poudingues, mais au voisinage de La Bastide-de-Bousignac, au sud de Mirepoix, nous avons retrouvé un calcaire lacustre noduleux et fossilifère.

Les nodules de cette couche intéressante renferment : *Bulimus Hopei* M. de Serres, *Planorbis pseudo-ammonius* Schl. et *Melanopsis dubiosa* Math., espèce des lignites de La Caunette. Ce niveau est séparé du nummulitique par une masse puissante de mollasses, de poudingues et de grès où ont été découverts, à Sibra et Saint-Quintin, les restes de *Lophiodon* signalés par l'abbé Pouech.

Nous possédons également une mâchoire de *Lophiodon* trouvée dans cet horizon, près de La Bastide.

Ces données stratigraphiques montrent que les *Lophiodon* des environs de Mirepoix, situés entre le nummulitique et une zone caractérisée par le *Bulimus Hopei*, sont lutétiens comme ceux d'Issel et non bartoniens, ainsi que les géologues l'ont admis jusqu'à ce jour.

En poursuivant nos recherches plus au nord, sur la rive droite de l'Hers, à l'est de Mirepoix, nous avons enfin observé, aux environs du château de Bedou, un horizon de marnes et de calcaires fossilifères qui nous a offert avec des restes de vertébrés, les mollusques les plus caractérisques de l'éocène supérieur de Villeneuve-la-Comptal : *Dactylius (Bulimus) lævolongus* Boubée sp., etc.

La découverte de ces gisements fournissant de nouvelles bases au lever

---

[1] Noulet, *Comptes rendus de l'Académie des sciences*, t. XLV, 14 déc. 1857.
[2] Hébert, *Bull. Soc. géol. de France*, 3ª série, t. X, 1882, p. 531 et s.

géologique de la partie occidentale de la feuille de Carcassonne, nous avons pu dès lors entreprendre ce travail avec la collaboration de M. Bresson.

FEUILLE DE MONTAUBAN

PAR

M. G. VASSEUR

Professeur à la Faculté des sciences de l'Université d'Aix-Marseille
Collaborateur principal.

Montauban. — La campagne de 1897 a été en partie consacrée à l'achèvement de la feuille de Montauban. La région que nous avons explorée, comprend l'angle nord-est de la feuille et s'étend des rives du Tarn au sud, jusqu'au massif ancien et secondaire de la Forêt de la Grésigne au nord. Nous n'avons pas dépassé à l'ouest une ligne allant de Saint-Géry (sud-ouest de l'Isle-d'Albi) à Puicelcy vers le nord.

Les terrains observés appartiennent à l'Oligocène (*Sannoisien* et *Stampien*) et au Quaternaire.

Sannoisien. — C'est à cette division (niveau du calcaire à *Melania albigensis* Noul., des feuilles d'Albi et de Castres) que nous croyons devoir rapporter les argiles rouges à *Ischurostoma* (*Cyclostoma*) *formosum* Boubée sp., de la station de Vindrac. Ce dépôt présente de nombreuses intercalations de bancs de graviers et ne se distingue par aucun caractère, des formations stampiennes sus-jacentes (faciès littoral).

Stampien. — On retrouve dans cette région les trois faciès de l'étage stampien, déjà observés dans la partie septentrionale de la feuille d'Albi, c'est-à-dire : 1° les mollasses; 2° les calcaires de Cordes; 3° les argiles à graviers, brèches et conglomérats littoraux.

1° *Les mollasses* (argiles. sables et grès tendres, argiles sableuses et bancs de graviers) constituent la plus grande partie des sédiments tertiaires de la feuille de Montauban. A Saint-Géry, l'Isle-d'Albi et Colombaylet, elles offrent des gisements fossilifères (*Anthracotherium*, *Acerotherium*, *Paloplotherium*, *tortues*, etc.) connus depuis longtemps[1].

---

[1] Nous ne parlons, bien entendu, que des points fossilifères situés dans la région que nous avons explorée ; ces gisements ont été fouillés par MM. Thomas, Caraven-Cachin et Lacroix.

2° *Les calcaires de Cordes* se développent aux dépens de la mollasse stampienne, ainsi que nous avions eu l'occasion déjà de le constater en exécutant le lever géologique de la feuille d'Albi. Un premier horizon calcaire apparaît au nord-est d'une ligne passant par le Mas-des-Breils, près de Perches (nord-nord-ouest de Gaillac) et Saint-Martin-l'Espinas, dans la vallée de la Vère ; ce banc naît en coin dans la mollasse et augmente rapidement d'épaisseur dans la direction du nord-est.

Un second horizon calcaire, séparé du précédent par une soixantaine de mètres de mollasses et représentant un terme très élevé de la série stampienne, forme le sommet de la colline qui porte Castelnau de Montmirail et la table du plateau situé au sud de ce pays, depuis le Signal de Broze à l'est, jusqu'à Saint-Jean-de-Monteils à l'ouest ; cette assise dépourvue de fossiles, semble par son altitude (296 mètres), se rattacher aux calcaires supérieurs de Donnazac (feuille d'Albi) qui renferment les mollusques caractéristiques de la faune de Cordes.

Au nord de la vallée de la Vère, se montrent de nouveaux horizons calcaires compris entre les niveaux précédents ; enfin les mollasses intercalées s'amincissent de plus en plus et disparaissent suivant une ligne menée de Lintin à Saint-Beauzile. Les calcaires de Cordes, très fossilifères (*Helix corduensis* Noul., *H. cadurcensis* Noul., *H. Raulini* Noul., *H. albigensis* Noul., *Cyclostoma cadurcense* Noul., *Limnœa cadurcensis* Noul., etc.) forment alors, sous une grande épaisseur, les plateaux de Loubers et Amarens, des Fargues et de Mouzeys ; on les voit reposer sur les parties les plus inférieures de la mollasse stampienne.

3° En approchant des hauteurs de la Grésigne, les différentes assises mollassiques et les calcaires de Cordes se chargent d'abord de cailloux roulés, puis, le faciès littoral s'accentue et finalement les mollasses et les calcaires sont remplacés par une masse de brèches, de poudingues et conglomérats dont l'épaisseur atteint parfois plusieurs centaines de mètres. Ce cordon littoral si remarquable, plaqué contre le massif de la Grésigne, est en continuité avec les dépôts de rivages que nous avons observés sur la feuille d'Albi.

Un manteau de graviers résultant du lavage et du remaniement sur place des mollasses s'étend sur les coteaux situés au nord-ouest de Gaillac.

Le quaternaire de la rive droite du Tarn (niveau de l'*Elephas primigenius*) n'offre pas de terrasses continues dans la partie que nous avons étudiée.

Un ressaut de terrain de 5 à 7 mètres règne cependant sur une certaine étendue, le long de la route qui conduit de Gaillac à Albi ; quelques vestiges de cette terrasse se retrouvent aux environs de l'Isle-d'Albi.

BASSIN DU RHONE

—

FEUILLES DE MONTPELLIER ET DU VIGAN

PAR

M. F. ROMAN

Préparateur à la Faculté des sciences de l'Université de Lyon
Collaborateur adjoint.

———

Feuille de Montpellier. — Je n'ai, dans cette note, aucun fait nouveau important à signaler au sujet de cette feuille. Les tournées faites dans le courant de l'année ont eu surtout pour but la vérification des contours de la feuille actuellement à l'impression. Je me bornerai à renvoyer le lecteur au travail publié récemment sur la région[1].

Je tiens cependant à indiquer la présence, au pied de la montagne de la Mourre, d'un conglomérat, à éléments parfois assez volumineux, que je rapporte avec quelque doute au Bartonien. Dans les blocs de ce conglomérat, j'ai pu observer *Vivipara Beaumonti* Math. accompagné de *Bulimus proboscideus* Math.

La présence de débris calcaires appartenant à l'étage de Rognac sur le flanc sud de la Mourre, rapprochée du fait de la présence de dépôt de ce même étage au pied de la Gardiole, près de Mireval, indiquent une extension considérable vers le sud et vers l'est des dépôts lacustres du Danien, actuellement enlevés par l'érosion.

Feuille du Vigan. — Le tracé des contours précis du Miocène de la région de Sommières ont donné lieu à une série d'observations déjà publiées[2], et dont je ne donnerai ici que le résumé.

---

[1] F. Roman, *Études stratigraphiques et paléontologiques dans le Bas-Languedoc.* Thèse de doctorat, *Annales de l'Université de Lyon*, 1897.
[2] F. Roman, *Note sur le bassin miocène de Sommières. Bull. Soc. géol. de France*, 3ᵉ série, t. XXIV, p. 771. 1896.

On peut reconnaître, à la base, un Burdigalien inférieur typique, avec *P. Davidi* Font., *P. pavonaceus* Font. accompagné de conglomérat, à cailloux verts, très net à Boisseron et à Montpezat.

Le Burdigalien supérieur, sous forme de calcaire moellon à *Pecten præscabriusculus* Font., est bien développé à Boisseron, Aigues-Vives, Souvignargues, etc.

Le deuxième Étage méditerranéen (Helvétien, Tortonien) débute par des marnes bleues fines à *Pecten Fuchsi* Font. et *P. substriatus* d'Orb., exploitées pour tuileries aux environs d'Aigues-Vives ; au dessus viennent des marnes sableuses à *Pecten substriatus* d'Orb. et *Bryozoaires*, accompagnés de *Pecten scabriusculus* Math. Au nord de Sommières, ces assises présentent le même aspect lithologique et offrent une faune, en mauvais état, mais d'aspect plus littoral avec *Natica* gr. *Hörnesi*, *Corbula* sp. *Potamides* sp., indiquant la proximité de la côte.

Le Miocène se termine dans la région de Sommières par une mollasse blanche très développée sur le plateau de Villevieille avec *Pecten scabriusculus* Math., *Pecten improvisus* Font., *Echinolampas scutiformis* Leske.

Le Pliocène supérieur (cailloutis de la Crau à quartzites alpins) vient recouvrir le Miocène au sud de la région de Sommières. Ces cailloutis ne dépassent guère Aigues-Vives vers le nord.

PYRÉNÉES

FEUILLE DE LUZ

PAR

M. A. BRESSON
Préparateur à la Faculté des sciences de l'Université
Collaborateur adjoint.

Les études poursuivies pendant la dernière campagne ont porté essentiellement sur la grande bande de schistes et calcaires paléozoïques comprise entre Pierrefitte et Cauterets et traversée par les vallées du Labat, des gaves de Cauterets et de Pau. Nous avons pu établir la série des plis qui ont affecté les couches, grâce à la découverte de fossiles, parmi lesquels, les Graptolithes du Silurien supérieur figurent pour une large part.

Une première ride silurienne montre à Pierrefitte une bande médiane de schistes en grandes dalles alternant avec des bancs calcaires, entièrement dépourvus de fossiles, qui pourrait représenter le Silurien moyen. Elle est bordée au nord par les schistes carburés d'Uz et de Villelongue, où nous avons trouvé *Retiolites Geinitzi* et divers *Monograptus*. Au sud, les mêmes schistes noirs reparaissent sur la route de Cauterets au niveau de la mine de plomb, où ils ont fourni les premières traces de Graptolithes connus sur la feuille de Luz. Le pli nettement déjeté vers le nord se poursuit vers l'est, où l'on constate au delà du pic d'Aube la disparition du Silurien moyen et la réunion des deux bandes de schistes carburés dont il vient d'être question. A l'ouest, par contre, l'Ordovicien conserve son épaisseur et forme le pic d'Escorne-Crabe et les crêtes de Pène-Rouge et de Pan-Labassère. M. Seunes a pu le suivre au delà, jusqu'au pied du Gabizo.

Le second pli silurien est indiqué sur la route de Pierrefitte à Luz par la réapparition d'un noyau ordovicien un peu au nord de Viscos et par la présence de *Monograptus* trouvés au nord de Chèze, à l'ouest du pic de Soulom et au sommet d'Arrouys sur la grande crête qui sépare les vallées du Labat et du gave de Cauterets. Tandis que sur cette cime, et sur celle dont le pic de Viscos est le sommet culminant, les schistes du Gothlandien sont parfaitement intacts et se présentent avec leur faciés et leurs fossiles ordinaires, le fond des vallées de Cauterets et de Luz ne montre que des schistes profondément silicifiés et tout à fait méconnaissables. L'attribution au Dévonien et au carbonifère qui en avait été faite n'a plus de raison d'être. Le métamorphisme profond des couches dans les vallées s'expliquerait facilement, si l'on admet avec nous que dans les actions tangentielles de refoulement, l'effort orogénique est surtout dépensé dans les racines des plis qui ont été ainsi comprimées plus énergiquement que les voûtes.

La troisième ride, formée encore par le Silurien, est dessinée au Limaçon, près Cauterets, par les schistes carburés que l'on peut suivre dans la combe qui borde au nord la dalle du Cot-d'Homme; par la dalle du Cot-d'Homme qui est silurienne, et par un second cordon de schistes carburés passant par Canceru et le col de Contente.

Au lac d'Anapeou, nous avons trouvé des Graptolithes capables de détruire tous les doutes. Ces fossiles abondent au sommet de Conques sur l'immense crête qui s'étend du col de Riou à Soulom.

Au delà du Limaçon, à partir de Canceru, affleurent les schistes du Dévonien inférieur où nous avons trouvé *Spirifer*, *Leptœna*, *Fenestelles*, c'est-à-dire les fossiles signalés par M. Seunes dans la vallée de Labardaous au sud-ouest d'Arrens. Les schistes qui renferment cette faune se raccordent, comme l'a démontré le même savant, aux schistes dévoniens de la haute vallée du Valentin (Lac d'Anglas). A Sère près Luz et au sud de Villenave, nous avons trouvé également des restes de *Phacops* appartenant au Dévonien inférieur. La conclusion qui semble s'imposer peut être formulée ainsi : « Une grande bande dévonienne, orientée sensiblement nord-ouest-sud-est, traverse en écharpe la partie occidentale de la feuille de Luz au sud des plis qui viennent d'être décrits; elle est interrompue seulement à l'est par le massif granitique du Néouvielle. » Les couches qui jusqu'au Limaçon plongeaient uniformément vers le sud, avec tendance à la verticalité vers ce dernier point, se relèvent au voisinage de Canceru et plongent ensuite vers le nord jusqu'à Cauterets, comme l'a parfaitement constaté M. Seunes. Le même fait s'est révélé à nos yeux, dans la vallée du gave de Pau, avant d'arriver à Luz. La conséquence qui résulte de ce fait intéressant sera formulée après l'examen du versant nord du faisceau silurien.

A partir d'Uz, on ne trouve au dessus des schistes carburés qu'une retombée régulière allant jusqu'au Dévonien supérieur (Goniatites au château de Beaucens) ou même au carbonifère.

A Artalens il y a retour de termes plus anciens (schistes à *Pleurodictyum* et *Phacops*) par suite d'une ride se rattachant au Pic du Midi. La série qui les comprend s'étend jusqu'à Argelès, où nous avons trouvé des *Productus* mal conservés (Pont d'Argelès) et jusqu'à Boo-Silhem où les terrains paléozoïques disparaissent sous le secondaire transgressif. L'ensemble de ces couches plonge au sud. Par ce qui précède, on voit donc que les plis siluriens du nord de la feuille de Luz forment un faisceau d'environ 8 kilomètres d'épaisseur entre Pierrefitte et Cauterets, compris entre deux bandes dévoniennes et carbonifères. L'ensemble en est disposé en éventail.

FEUILLE DE TARBES

PAR

M. L. CAREZ

Docteur ès-sciences, collaborateur principal.

Les explorations de 1897 ont porté sur toutes les parties de la feuille, mais plus particulièrement sur la partie septentrionale qui avait été peu étudiée en 1896.

J'ai indiqué l'an dernier, que la feuille de Tarbes comprend, dans sa partie occidentale, deux régions bien distinctes : l'une, montagneuse, au sud, l'autre, formée de collines irrégulières, au nord. Cette division peut se poursuivre, quoique un peu moins nette, du côté de l'est, et la limite séparative des deux régions, partant de Louvie-Juzon (feuille de Mauléon), passe à Arthez-d'Asson, Saint-Pé-de-Bigorre, Lourdes, Bagnères-de-Bigorre, et vient aboutir à l'angle sud-est de la feuille.

Région méridionale. — Je ne reviendrai pas sur la composition de cette région que j'ai déjà exposée les années précédentes : mes nouvelles recherches n'ont pas modifié ma manière de voir pour la majeure partie des couches, mais elles m'ont démontré l'impossibilité de suivre le Lias moyen, comme je l'avais espéré, dans le massif compris entre la vallée du Gave de Pau et celle d'Ossau. La masse du Lias reste donc indivise dans cette partie et je ne prévois pas qu'il soit possible d'y faire des distinctions, à moins qu'on n'y découvre des niveaux fossilifères encore inconnus. Cette découverte paraît bien peu probable.

Je me suis particulièrement occupé de l'âge des schistes ardoisiers du sud de Lourdes, schistes que diverses considérations m'avaient amené à rattacher au Primaire. Sur les indications de M. Stuart-Menteath, j'ai retrouvé, auprès de Lugagnan, un gisement dans lequel j'ai pu recueillir un grand nombre d'ammonites du Crétacé inférieur. En outre, un peu plus à l'est, à Sère-Lanso, une lentille calcaire dans les schistes m'a montré quelques radioles de *Cidaris* (*C. pyrenaica?*), qui viennent corroborer le témoignage des Céphalopodes.

Il résulte de ces faits que les schistes ardoisiers exploités à Lugagnan, Omex, Ségus, Les Angles, etc., appartiennent avec certitude au Crétacé; cette conclusion a une importance particulière à cause de l'existence de roches éruptives au milieu de ces couches. On voit en effet vers Ossen des pointements très limités de diabase, incontestablement injectée dans les schistes; il faut noter en outre un magnifique filon de quartz qui se montre dans la carrière même où l'on rencontre en abondance les ammonites. Enfin à Sère-Lanso, une roche éruptive interstratifiée existe dans le voisinage des calcaires à *Cidaris*; elle a métamorphisé le prolongement de cette lentille calcaire.

L'âge crétacé des éruptions qui ont produit ces roches est donc indiscutable; mais bien que leur étude pétrographique ne soit pas encore faite, je puis dire dès maintenant que la plupart d'entre elles sont des diabases et que je n'ai vu dans cette région aucun affleurement de granite[1].

Région septentrionale. — 1. Partie comprise entre la limite occidentale de la feuille et la vallée de Lourdes a Tarbes. — Je ne m'attacherai pas à la description des terrains qui constituent cette zone et qui vont du Crétacé inférieur au Miocène; cela demanderait un développement beaucoup plus considérable que ne le comporte ce rapport. Je me bornerai à dire quelques mots du gisement des roches éruptives et à discuter l'existence du Trias et du Jurassique.

Roches éruptives. — Ces roches, qui sont pour la plupart des diabases comme dans la région précédente, se montrent dans des pointements nombreux et de dimension réduite (une vingtaine dans l'étendue considérée); elles sont toutes dans le Gault ou dans le Cénomanien à l'exception de l'affleurement d'Ossun sur lequel je reviendrai.

Bien que ces roches n'aient provoqué aucun phénomène de métamorphisme dans les couches où on les rencontre, leur situation et leur allure indiquent avec certitude qu'elles ne peuvent être antérieures à ces couches; elles sont ou contemporaines ou postérieures. Je citerai notamment la petite coupe visible derrière l'une des chapelles du calvaire de Bétharram; on y constate avec évidence l'intercalation de la roche éruptive en filons-lits dans le Crétacé.

Le gisement d'Ossun mérite une mention spéciale, à cause de sa situation entre le Crétacé le plus supérieur et le Nummulitique fossilifère, ainsi que pour les calcaires qui se trouvent dans son voisinage. La roche éruptive, très décomposée, paraît être une ophite; elle est accompagnée de calcaires à minéraux (dipyre), absolument identiques à ceux qui se montrent auprès du

---

[1] Des filons de granite existent, comme je l'ai dit antérieurement, dans les schistes au sud de Germs; je continue à considérer ces derniers comme primaires.

gypse triasique des environs de Tarascon dans l'Ariège, et qui se rapportent vraisemblablement à la base du Jurassique. Ce gisement présente une grande ressemblance avec celui de Biarritz par sa position, et malheureusement ses rapports avec les assises environnantes, ne sont pas beaucoup plus nets que dans la localité que je viens de citer. Il me paraît toutefois indubitable que les calcaires à minéraux n'appartiennent ni au Crétacé supérieur ni au Tertiaire qui ne montrent jamais de roches analogues dans les séries normales : ils indiquent un accident qui a fait revenir en ce point le Jurassique inférieur et peut-être le Trias.

Dans cette partie, comme dans la précédente, il n'y a aucun affleurement de granite.

Trias. — J'ai cherché avec soin les divers affleurements de Trias marqués sur la carte de M. Seunes auprès de Rébénacq, de Lys et de Mifaget; sans entrer ici dans le détail des observations que j'ai faites, je puis dire que je n'ai absolument rien trouvé qui pût être rapporté à cet étage et j'incline à croire que les divers pointements indiqués par ce géologue doivent être supprimés.

A Pontacq, on a exploité autrefois du gypse; peut-être serait-ce l'indication d'un affleurement de Trias qui se trouverait bien sur le prolongement du gisement infraliasique d'Ossun. Mais l'existence d'une couverture miocène empêche de faire à cet égard autre chose que des conjectures.

2. Partie comprise entre la vallée de Lourdes a Tarbes et la vallée de l'Adour. — Cette partie m'a montré les faits les plus inattendus. Au lieu du Crétacé supérieur ou du Miocène que figuraient toutes les cartes publiées jusqu'à présent, j'ai trouvé un massif granitique s'étendant d'une vallée à l'autre en passant par Julos et Loucrup, et s'avançant au nord jusqu'au delà de Layrisse. La présence d'un pareil massif au milieu d'un grand affleurement de Crétacé semble au premier abord un argument décisif en faveur de l'âge post-crétacé du granite; néanmoins, en m'appuyant sur des raisons que je ne reproduirai pas ici, les ayant déjà exposées ailleurs[1], je continue à croire que l'éruption du granite dans les Pyrénées est anté-secondaire et que le massif en question est le reste d'une ancienne chaîne aujourd'hui démantelée.

Un autre fait curieux à signaler dans cette partie est l'existence, à la limite du Crétacé et du Tertiaire, de calcaires à minéraux semblables à ceux d'Ossun (Louey) : je les rapporte aussi au Jurassique. Ils sont accompagnés de conglomérats à éléments énormes identiques à ceux qui marquent le Cénomanien en un grand nombre de points de la chaîne, et qui renferment des blocs roulés d'Urgonien fossilifère (Louey, Lanne, Bénac).

Voilà donc une nouvelle preuve du relèvement qu'avait déjà fait soupçonner l'affleurement d'Ossun. L'existence d'une couverture d'alluvions ne permet pas de juger si le contact de ces couches jurassiques et cénomaniennes avec l'Éocène se fait par faille ou par discordance.

[1] *Bull. Soc. géol. de France.* 3e série, t. XXV. p. 456

3. PARTIE SITUÉE A L'EST DE LA VALLÉE DE L'ADOUR. — Le massif ancien (granitique et primaire) se continue sur la rive droite de l'Adour, mais là il est presque entièrement recouvert par le Crétacé.

Un premier affleurement se montre au sud d'Ordizan, formant le versant des coteaux de l'Adour; un deuxième existe entre Argelès-Debat et Castillon et enfin un troisième aux bains de Capvern.

Ce dernier qui avait été signalé il y a quelques années par le comte Begouen, est extrêmement réduit : le granite n'apparaît que dans les fossés de la route entre les bains de Capvern et l'établissement du Bouridé, et les affleurements sont tellement petits que j'ai eu à me demander si je n'avais pas affaire à quelques-uns de ces blocs gigantesques que l'on trouve fréquemment dans les conglomérats cénomaniens. Après examen approfondi, j'ai dû rejeter cette idée et admettre que le granite de Capvern est bien une roche en place ; mais contrairement à ce que pensait le comte Begouen, cette roche n'a ni métamorphisé ni pénétré le Crétacé supérieur qui se trouve à son contact ou dans son voisinage.

Entourant cet affleurement si réduit de granite, se voient des calcaires et des poudingues très étranges, tranchant complètement par leur faciès avec le Crétacé environnant. Ces roches appartiennent-elles au Jurassique comme celle d'Ossun et Louey, ou sont-elles un représentant du Primaire? La question n'est pas tranchée : indiquer l'âge d'un lambeau de calcaire sans fossiles lorsqu'il ne présente aucun caractère particulier est une tâche bien difficile ; je tenterai toutefois de parvenir à résoudre ce problème en comparant les échantillons recueillis avec ceux provenant de différents points de la chaîne.

A une petite distance de ce bombement ancien, à Mauvezin, j'ai reconnu l'existence du conglomérat cénomanien, présentant les mêmes caractères que dans les autres points cités plus haut. Cet affleurement est complètement en dehors de la place que le Cénomanien devrait occuper si la série était régulière; il vient donc confirmer l'idée de l'indépendance de ce terrain par rapport aux couches plus récentes.

Résumé. — Les principaux points mis en lumière par les explorations de 1897 sont :

1º L'âge crétacé de nombreux affleurements de roches éruptives dont la plupart se rapportent aux diabases. Leur étude pétrographique montrera si elles peuvent être distinguées des ophites triasiques.

2º L'existence d'un massif ancien entre la vallée de Lourdes-Tarbes et le plateau de Lannemezan, à la naissance de la plaine. Ce massif, très érodé, est souvent recouvert par le Crétacé ou le Tertiaire et n'apparaît qu'en quelques affleurements isolés.

Cette découverte confirme l'hypothèse que j'avais émise dès 1892, à savoir que l'axe actuel de la chaîne des Pyrénées correspondait à des points bas jusqu'à la fin de l'Éocène, tandis que la chaîne ancienne, aujourd'hui presque démantelée, se trouvait plus au nord. Elle est jalonnée par les Corbières, le massif de Camarade et celui de Capvern-Julos. En Espagne, le Monseny est aussi une vieille montagne ; mais rien ne permet de dire dans l'état actuel de nos connaissances si ce massif faisait partie d'une chaine ancienne se continuant par la Sierra de Guarra.

FEUILLES DE L'HOSPITALET, FOIX, QUILLAN ET PERPIGNAN

PAR

M. Joseph ROUSSEL
Docteur ès-sciences, Collaborateur adjoint.

Cette année, j'ai consacré mon excursion dans les Pyrénées à l'exploration de la partie orientale du massif formé par la ride principale de la chaine et par ses plis subordonnés. J'ai pu, en mettant à profit mes observations antérieures, délimiter la totalité des terrains cristallophylliens et des primaires des feuilles de l'Hospitalet, de Perpignan et de Quillan et de la plus grande partie de celle de Foix. Cette excursion m'a fourni divers sujets d'étude dont voici les principaux :

I

J'ai pu suivre, dans les hautes montagnes où elle se développe, la formation primaire enclavée dans le gneiss et connue sous le nom de bande de Mérens. Elle ne diffère de celles que j'ai signalées dans les massifs du Canigou et de la montagne de Table que par son importance plus grande.

Toutes ces bandes sont formées par les terrains primaires supérieurs déposés transgressivement sur les gneiss dont les couches ont glissé les unes par rapport aux autres aux époques de soulèvement englobant dans leur masse les terrains primaires. Ceux-ci se sont enfoncés à la manière d'un coin d'autant plus profondément qu'ils ont opposé plus de résistance au plissement. C'est ainsi que les calcaires dévoniens de la bande de Mérens ont pénétré dans le gneiss à une profondeur actuelle que j'évalue à 2.500 mètres dans la gorge de l'Ariège creusée à travers ces calcaires et les gneiss encaissants. Sur les bords de la rivière, on n'observe qu'une étroite bande de calcaire n'ayant que quelques mètres d'épaisseur (fig. 2); mais lorsqu'on s'éloigne de ces bords, on voit d'énormes masses de schistes affleurer sous le calcaire, et la bande atteint bientôt 1.200 mètres d'épaisseur du côté de l'est, à l'étang de Naguille (fig. 1). et 2.000 mètres du côté de l'ouest, au pic de l'Étang (fig. 3).

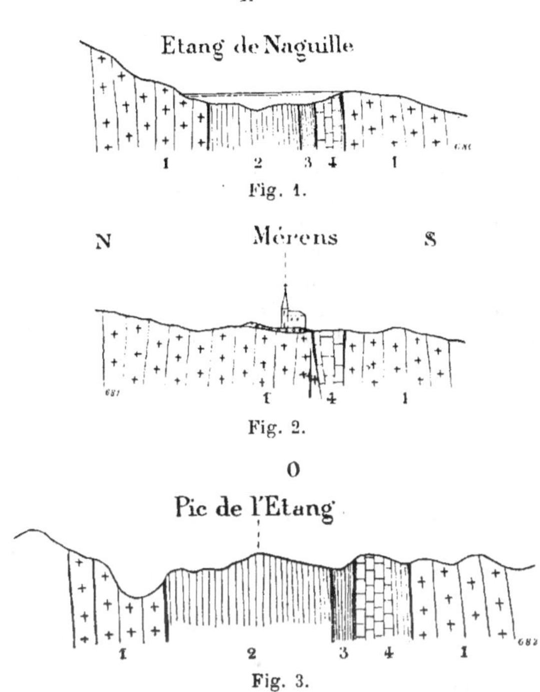

1, Gneiss; 2, schistes du Silurien moyen; 3, schistes du Silurien supérieur ; 4, calschistes et calcaires du Dévonien.

Du reste, cette épaisseur est, pour ainsi dire, soumise aux caprices, au jeu des failles qui ont produit l'enclave. C'est ainsi qu'entre la vallée du Nagcar et le pic de Serrère, dans une région surélevée, on voit la bande réduite; par endroits, à quelques mètres d'épaisseur, et disparaître même sous les éboulis provenant du gneiss. Partout, cependant, on retrouve la partie calcaire, c'est-à-dire celle qui a pu s'enfoncer le plus profondément.

II

En délimitant le massif granitique de Quérigut et de Roquefort-de-Sault, j'ai observé qu'il envoie dans la formation dévonienne adjacente, non seulement les filonnets de granite déjà signalés, mais encore de puissants filons visibles en divers points et notamment sur le chemin de Rouze à Campagna-de-Sault. Et, outre le métamorphisme habituel produit par l'éruption, je signalerai celui de la formation de nombreuses lentilles de gypse situées dans le terrain carbonifère et dont plusieurs sont exploitées.

De plus, le massif granitique comprend des couches entières d'un calcaire dévonien ou carbonifère situé en plein granite et partiellement transformé en quartz. Ce calcaire forme le roc de Casteldos à l'ouest du Bousquet et un mamelon au sud-est de Roquefort-de-Sault.

III

Dans divers mémoires, et notamment dans l'étude stratigraphique des Pyrénées, j'ai fait connaître que le granite porphyroïde des régions de Sournia, Fenouillet, Lesquerde, etc., avait fait éruption après la formation des terrains primaires et que cette éruption s'était continuée pendant la période secondaire jusqu'à l'époque de formation de l'Albien inclusivement. Je sais que M. Lacroix, dont la compétence est si grande, a émis une opinion contraire à la mienne ; et malgré cela, les courses pour la délimitation des couches m'ont permis de recueillir une ample moisson de faits confirmant mes observations antérieures. Voici les principaux :

1° Sur une vaste échelle, les terrains primaires ont été traversés et transformés en gneiss par le granite ;

2° De même, en une multitude de points, les terrains secondaires ont été criblés de filons de granite et métamorphisés ;

3° Les marnes dont ces derniers terrains sont composés ont été, dans certains cas, transformées en schiste (Fenouillet) ; mais, le plus souvent, le calcaire de ces marnes a cédé la place au quartz, et, au contact du granite, la roche apparaît sous la forme d'un poussier siliceux, le plus souvent irisé de diverses couleurs. Les marnes ainsi métamorphisées appartiennent à l'Albien ; car, à Fosse, elles contiennent les fossiles caractéristiques de cet âge ;

4° Les calcaires secondaires transformés par le granite sont devenus cristallins, renferment des minéraux de diverses sortes, et, sur une vaste échelle, ont été transformés en quartzite (Bélesta-de-la-Frontière, Lesquerde, Fenouillet, etc., etc.) ;

5° En certains points, les calcaires ne présentent, au contact du granite, aucun métamorphisme et il semble que la roche éruptive se soit simplement épandue sur la tranche des couches, sans les traverser ;

6° En plusieurs endroits (Felluns, Lesquerdes, etc.), j'ai constaté que le contact du granite et du calcaire est établi par l'intermédiaire d'une brèche composée d'un magma granitique dans lequel sont englobés, en grande quantité, des fragments de calcaire. A Lesquerde, j'ai observé un point déjà signalé et figuré dans mes notes antérieures, mais aujourd'hui partiellement détruit par les travaux d'empierrement, où l'on voit nettement le passage entre cette brèche et le granite massif ;

7° En un grand nombre d'endroits, j'ai relevé des couches, des assises entières de calcaire, englobées dans le granite, qui les a presque complètement
transformées en silice. Mais, il en reste des lentilles non transformées qui permettent de reconnaitre que ces couches appartiennent aux terrains secondaires;

9° Presque partout, le poussier d'âge secondaire, signalé plus haut, au contact du granite, est accompagné de lentilles de gypse dont plusieurs sont
exploitées (Saint-Paul-de-Fenouillet, Lesquerde, etc.);

10° En suivant la route d'Ansignan à Caramany, on rencontre, aux environs
du Mas, au contact du granite, de puissantes couches de calcaires et de schistes, à demi transformées en gneiss, mais d'âge primaire, qui sont plissées ou
tordues de telle sorte qu'elles constituent la formation sédimentaire la plus
tourmentée qu'il m'ait été donné d'observer jusqu'ici.

IV

Quant à la composition et à l'étendue relative de chacun des termes de la
série sédimentaire, je n'ai découvert aucun fait modifiant les observations
antérieurement publiées.

J'ai seulement remarqué que les divers dépôts glaciaires ont été formés à
deux époques distinctes et ont un développement considérable. Quelques-uns,
dont la puissance est très grande et occupent de vastes espaces, avaient été
confondus avec les massifs granitiques qu'ils recouvrent partiellement. Tel
est celui qui forme la principale partie des territoires des communes de Mijanès
et de Rouze (Quérigut), et celui du col de Puymorens.

PYRÉNÉES ENTRE LA VALLÉE DU GAVE DE CAUTERETS ET CELLE DE LOURDIOS

PAR

M. J. SEUNES

Professeur à la Faculté des sciences de l'Université de Rennes
Collaborateur adjoint.

A. *Observations sur la partie sud-ouest de la feuille de Luz « Du nord au sud. »*

1. Les schistes avec calcaires, compris entre les schistes à Graptolites d'Uz
et de Pierrefitte, ne m'ont fourni aucun fossile. Ils me paraissent inférieurs à
ces derniers schistes.

2. Entre les schistes plus ou moins carburés de Pierrefitte et le chaînon du Peyrenègre, il y a un ensemble de schistes avec intercalations de bancs calcaires, parfois encrinitiques dans lequel se trouve compris la bande de calcaire dalleux du Cot-d'Homme. Par ses caractères lithologiques cet ensemble paraît être Dévonien inférieur; je ne l'ai trouvé fossilifère que sur le flanc ouest du Soum-de-Monné, aux derniers lacets avant d'atteindre ce sommet (faune coblentzienne). Il est en continuité vers l'ouest (vallée du Labat-d'Aucun et d'Arrens) avec les schistes et bancs calcaires incontestablement dévonien inférieur (faune coblentzienne), compris entre les bandes de calcaires de la Pène-d'Aube et d'Orcimio-Lac-d'Estaing.

3. Entre le Peyrenègre et Sèques de Cauterets, il y a des schistes avec intercalations de calcschistes et d'assises de calcaires noirs, gris, blanchissant à l'air, veinés de calcite et parfois dolomitiques. A l'ouest, ces couches coupent le sentier qui conduit au Soum-de-Monné et passent au sud de ce sommet; à l'est, elles traversent la vallée et filent sur le Soum-de-Lisey parallèlement au flanc nord-est du massif granitique. Pas de fossiles.

4. A cette formation, supérieure aux couches coblentziennes, succèdent des schistes ardoisiers de Cambasque (ardoisières). Pas de fossiles. Ces schistes s'épanouissent en éventail vers le sud-ouest, et se dirigent vers la vallée du Gave du Labat-de-Bun, en formant les montagnes de Lis et d'Illeou.

5. Les schistes de Cambasque passent aux schistes et calcaires formant la pointe nord du massif du Péguère; ils buttent contre le massif granitique. Ces assises sont plus ou moins métamorphiques; les calcaires sont gris, grisâtres, noirs, blancs, dolomitiques et chargés de minéraux. Ils m'ont fourni deux Goniatites, semblant appartenir à *Goniatites retrorsus*, qui placeraient dans le Dévonien supérieur ces assises bordant le massif granitique du Péguère.

J'ai parcouru la région sud de Cauterets et relevé en grande partie les contours du massif granitique assez riche en filons de Porphyres, de Porphyrites et de roches grenues. J'ai rapporté au Dévonien inférieur, en raison de leurs caractères lithologiques, les schistes avec quelques bancs calcaires, coupés par le sentier conduisant au Port de Marcadau et se continuant sur le versant espagnol. Ces mêmes schistes se poursuivent au sud du massif granitique jusqu'au Vignemale où apparaissent des calcaires plus ou moins cristallins que je considère comme dévonico-carbonifères. Pas de fossiles.

J'ai étendu mes observations à l'ouest de Cauterets dans les régions traversées par les hautes vallées du Labat-d'Aucun et du Gave d'Arrens; mais le mauvais temps m'a mis dans l'obligation de quitter ces régions inhospitalières. J'ai terminé la campagne par quelques courses dans la région secondaire bordant au nord les terrains primaires. Je n'ai pu, faute de temps et à cause de la mauvaise saison, compléter mes observations comme je l'aurais désiré; cependant, je puis dès maintenant donner un aperçu général de la constitution géologique de cette région.

B. Observations sur les terrains secondaires.

La région montagneuse et secondaire de la haute vallée du Gave de Pau à la vallée de Lourdios (80 kilomètres de longueur environ) débute en général au sud par une bande jurassique accompagnée quelquefois de Trias et elle se termine au nord par une crête de calcaire à *Toucasia*.

Entre ces deux crêtes apparaissent des bandes calcaires et schisteuses. Deux plis, faillés sur une grande partie de leur parcours, laissent apparaître deux bandes jurassiques indépendantes et d'inégale longueur. La plus développée et la plus septentrionale (coupes I, II, III, IV) est celle qui passe par *Castet* (vallée d'Ossau), allant de la vallée d'Aspe au delà de la vallée du Lauzon (bande de Castet); l'autre est située au nord de Sarrance (vallée d'Aspe, coupe V) et est presque limitée aux vallées de Lourdios et d'Aspe. Dans les parties non faillées des deux anticlinaux, les flancs des voûtes jurassiques sont recouverts par la succession suivante :

1° Calcaires à Gastéropodes et Pélycipodes (*Exogyra*, *Pleuromia*, *Pecten*, *Nerinea*, etc.).

2° Schistes plus ou moins calcaires, souvent argileux, terreux par décomposition, avec calcschistes et bancs calcaires et caractérisés par : *Hoplites Deshayesi*, *Hoplites* sp., *Douvilleiceras Martini*, *Belemnites semicanaliculatus*, *Exogyra aquila*, *Plicatula placunea*, *Janira atava*, *Terebratula sella*, *Echinospatagus Colleguoi*, etc.

3° Calcaires formant crête à *Toucasia*, *Orbitolina*, *Polypiers*[1].

4° Schistes souvent calcaires, avec calcschistes et parfois bancs calcaires.

Les schistes (n° 4) sont parfois ardoisiers et exploités en divers points[2] : ils sont en général peu fossilifères. On y a signalé *Belemnites semicanaliculatus*. Sur le flanc nord de l'anticlinal de Castet ils m'ont fourni une faune albienne.

Belemnites semicanaliculatus (?) (un exemplaire).

Belemnites minimus (plusieurs exemplaires typiques).

Rhynchonella sulcata (typique).

Ammonites (fragment ind.).

Sur le même flanc, les schistes supportent en concordance le flysch cénomanien, à *Orbitolina concava*, *O. conica*, *Phylloceras* ind., *Inoceramus*, etc.

Les schistes n° 2 appartiennent incontestablement à l'Aptien ; les calcaires n° 1 compris entre le Jurassique supérieur et l'Aptien, appartiennent au Barrémien et peut-être aussi au Néocomien.

Si on considère les couches qui surmontent la bande jurassique bordant au sud la région en question, la succession précédente est la même, avec cette

---

[1] Je me propose de revenir dans une autre note sur ces calcaires et de parler de la faune qu'on rencontre en quelques points à la base et au sommet.

[2] Ces schistes présentent parfois des bancs lenticulaires de calcaire corallien qui à Sainte-Colome, atteignent environ 1 mètre d'épaisseur et 10 mètres de long. A l'ouest d'Arudy ils sont traversés par des filons et des pointements de porphyrite que l'on trouve aussi dans le flysch cénomanien.

différence que les schistes aptiens sont à l'état de calcaires dalleux et schisteux (*Hoplites Deshayesi*).

Cette succession nous a permis de fixer l'âge des différentes bandes calcaires et schisteuses que présente la région.

Abstraction faite des couches jurassiques jalonnées par des pointements ophitiques et des calcaires à Gastéropodes et à Pélycipodes qui les accompagnent (couches nº 1) toutes les autres bandes calcaires, formant en général crête, représentent les calcaires à *Toucasia* (n° 3).

Les bandes schisteuses sont de deux ordres : trois sont aptiennes, les autres sont albiennes.

Deux des bandes aptiennes appartiennent à l'anticlinal jurassique de Castet en grande partie faillé sur le flanc sud. Celle du flanc nord, la plus étendue, longe la crête des calcaires à *Toucasia*, allant d'Asasp (vallée d'Aspe à Saint-Pée-de-Bigorre); celle du flanc sud n'existe que dans la partie de l'anticlinal qui n'est pas faillé, c'est-à-dire dans la région des pâturages situés au sud de la crête des pics Mallesones, Angoustise et Durban. Quant à la troisième bande aptienne, elle se montre sur le flanc nord de l'anticlinal jurassique faillé de Sarrance; à l'est de Sarrance, elle forme voûte et disparait au sud-ouest de Billières à la jonction des calcaires a *Toucasia* de la bande du pont d'Escot et celle des bois d'Aran.

Toutes les autres bandes schisteuses sont, ai-je dit, albiennes. Toutes sont des bandes synclinales qui, dans les parties où les anticlinaux jurassiques sont faillés, viennent en contact avec le jurassique inférieur et, par places, avec des couches appartenant peut-être au Trias. C'est sous ces schistes que les anticlinaux de Sarrance et de Castet disparaissent à l'ouest de la région. Cette formation crétacée occupe de grandes surfaces à partir de la vallée de Lourdios jusque dans le pays basque (schistes d'Arette, d'Aramits, de Lanne, de Montory, de Haux, où ils sont en contact avec le jurassique (pli-faille de Laguinge, de Tardets, de Lacarry, etc.). A l'est de la région, les schistes de Saint-Pée-de-Bigorre, et du nord de Lourdes appartiennent à cette formation albienne; il en est peut-être de même des schistes du sud de Lourdes. Il me resterait à parler des plis de la région et des rapports du secondaire avec les terrains primaires, mais je me propose de traiter ces sujets dans une note plus développée. Du reste, les coupes suivantes pourront donner un aperçu de la tectonique de la région.

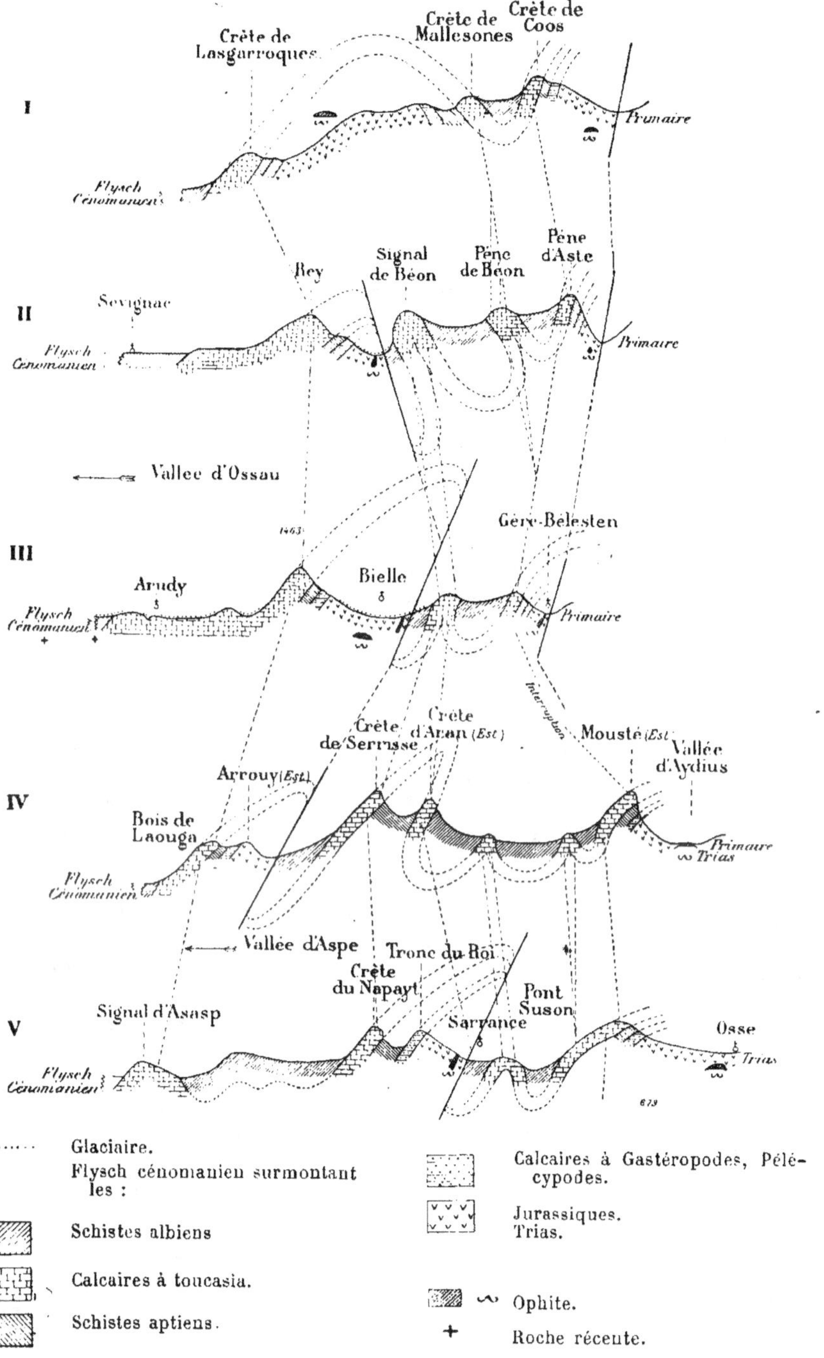

Glaciaire.

Flysch cénomanien surmontant les :

Schistes albiens

Calcaires à toucasia.

Schistes aptiens.

Calcaires à Gastéropodes, Pélécypodes.

Jurassiques.
Trias.

Ophite.

Roche récente.

ALPES

FEUILLE DE NICE

PAR

M. Léon BERTRAND

Chargé de conférences de Pétrographie à la Sorbonne
Collaborateur adjoint.

Durant mes explorations de 1897, j'ai presque complètement achevé le tracé définitif des contours dans la partie nord de la feuille de Nice, comprise dans mon *Étude géologique du Nord des Alpes-Maritimes* (Bull. Serv. Carte géol., t. IX, n° 56); j'ai de plus commencé l'étude de la région située à l'est du Var jusqu'à la mer.

Stratigraphie. — Au point de vue stratigraphique, j'ai très peu de choses à ajouter aux résultats indiqués dans l'étude signalée plus haut. Je signalerai l'existence de couches rouges très spéciales à la base du Nummulitique dans la forêt de Villars; je n'ai retrouvé ces couches nulle part ailleurs.

D'autre part, j'ai observé au nord du village de Sausses, dans le voisinage de l'affleurement de gypse que j'ai rapporté au Cénomanien, métamorphisé par des eaux ayant dissous des gypses triasiques en profondeur, un autre petit affleurement de gypse qui ne peut être non plus considéré comme triasique. Ce gypse, situé exactement à cheval sur la limite des deux feuilles Nice et Saint-Martin-Vésubie, occupe localement la place des calcaires nummulitiques qui forment la bordure d'une cuvette synclinale dont le centre est occupé par les puissantes marnes bleuâtres à *Serpula spirulæa*; ces calcaires nummulitiques reposent là sur les marnes noires aptiennes et albiennes (au nord-est de la cuvette, ils sont transgressifs jusque sur le Néocomien). L'origine de cet affleurement de gypse me paraît être analogue à celle du grand affleurement situé un peu plus au sud, la transformation ne s'étant produite que sur les *calcaires* du Nummulitique et non sur les *marnes* aptiennes qui leur servent de substratum, ni sur les *marnes* à *Serpula spirulæa* qui les recouvrent.

Dans toute la région située dans le voisinage de la mer à l'est du cours inférieur du Var, les terrains rencontrés sont les mêmes que ceux que l'on observe dans la vallée de la Bevera et que j'ai décrits précédemment. Il existe en plus, très développés sur la rive gauche du Var depuis Saint-Martin-du-Var jusqu'à la mer, et se rencontrant aussi çà et là en affleurement plus réduits le long du littoral (en particulier au village de Roquebrune) une puissante série de poudingues rapportés depuis longtemps déjà au Pliocène ; je n'ai pas encore abordé l'étude détaillée de ces poudingues, mais il est un fait que je tiens à signaler dès maintenant. Ces poudingues paraissent être le plus souvent d'origine torrentielle et la nature de leurs éléments est très variable, suivant la constitution géologique des points d'où ils provenaient. C'est ainsi qu'au voisinage du village d'Aspremont, on observe, en des points très voisins, des poudingues formés en grande partie de galets de grès permiens et de roches cristallines, provenant vraisemblablement de la haute vallée de la Vésubie, et d'autres composés uniquement de galets de calcaires crétacés venant certainement d'un point très voisin.

Tectonique. — La bordure méridionale du dôme permien de la Cime de Barrot présente, à la traversée de la Roudoule, une faille analogue à celle que j'ai signalée précédemment au sud-est de ce dôme et ayant produit comme celle-ci un abaissement assez marqué de la partie périphérique par rapport au noyau du dôme.

D'un autre côté, la région si compliquée située au voisinage des confluents de la Tinée et de la Vésubie avec le Var l'est plus encore que je l'ai indiqué ; il existe, depuis les environs de Villars, un anticlinal parallèle au grand contact anormal qui limite l'aire synclinale de Var moyen et légèrement déversé vers le sud-ouest, comme les autres plis avoisinants. Cet anticlinal traverse le Var à 1 kilomètre en amont du hameau du Ciaudan, et la Vésubie à 2 kilomètres de son confluent avec le Var (il n'est plus déversé en ce point) ; il passe approximativement par le village de Levens et se prolonge ensuite vers le sud. D'autre part, malgré la couverture de poudingues qui masque, au sud de Saint-Martin-du-Var, la prolongation du grand contact anormal que je viens de rappeler, j'en ai retrouvé la trace sur la route de Nice à Aspremont, au sud-ouest du Mont Chauve ; le Trias y est en contact avec le Crétacé supérieur.

Une autre complication à ajouter à la description que j'ai donnée précédemment est l'existence de plusieurs synclinaux formant des digitations de la grande cuvette synclinale de Saint-Antonin (*loc. cit.*, p. 187 et 188), vers son extrémité orientale. Ces synclinaux sont séparés par des anticlinaux de Crétacé supérieur, qui viennent se terminer à l'intérieur de la grande cuvette éogène par un plongement périclinal ; l'un de ces anticlinaux, le second que l'on rencontre au sud d'Ascros, présente même un chevauchement vers le sud avec pli-faille amenant le Crétacé supérieur sur les couches arénacées oligocènes, par disparition des calcaires nummulitiques et des puissantes marnes à *Serpula spirulæa*.

La terminaison orientale de l'aire synclinale de l'Estéron, vers le confluent de l'Estéron et du Var, présente aussi des complications très curieuses, qu'il m'est impossible de résumer ici dans ce bref compte-rendu et sur lesquelles je reviendrai plus tard.

Le grand affleurement triasique situé aux environs de Breil (*loc. cit.*, p. 198) est le noyau d'un faisceau de plis, distincts vers le nord de cet affleurement et venant converger vers le sud; l'un des synclinaux est marqué par les calcaires blancs jurassiques supérieurs du fort du Mart et est occupé en son centre par le Crétacé inférieur. Ce synclinal, qui traverse la vallée de la Maglia, forme en plan une boucle presque fermée et vient se terminer un peu à l'ouest de la Giandola.

Quant à la région située dans le voisinage de la mer, à l'est du cours inférieur du Var, j'en ai fait une première étude sommaire, dont je vais me borner à énoncer les principaux résultats.

Les anticlinaux de cette région sont encore, comme plus au nord, marqués en général par des reliefs très brusques et à pentes extrêmement abruptes, formés par les calcaires du Jurassique supérieur, montrant çà et là à leur base des dolomies que j'ai rapportées provisoirement à l'Infra-lias et plus rarement des cargneules triasiques. Ces crêtes forment toutes les grandes lignes du relief de la région et il est assez facile de prévoir l'allure tectonique au simple examen d'une carte topographique.

Ces accidents anticlinaux, qui forment la caractéristique de cette région, présentent le caractère commun de se terminer à leurs extrémités, après un trajet plus ou moins long, par un plongement périclinal et de se déverser très généralement vers le sud-ouest ou le sud (quelquefois le sud-est, lorsqu'ils sont orientés S.O.-N.E.); il existe souvent dans ce cas une rupture du flanc renversé qui amène un chevauchement des couches jurassiques ou triasiques sur le Crétacé supérieur. C'est par suite la prolongation du régime de l'aire synclinale de la Bevera.

Il existe au voisinage des villages de Peille, Sainte-Agnès et Gorbio une convergence très remarquable de plusieurs de ces plis, provenant de directions différentes et venant se resserrer en un faisceau très étroit, en s'empilant les uns au-dessus des autres. Certains de ces plis (1° Rocher du Pied de Jacques — Pic de Baudon — Cime de Bausson; 2° Cluse du Paillon en aval de l'Escarène — Peille — Cime de Gorbio — Cime Biancon) viennent du N.O., en passant à l'est de la grande cuvette synclinale de Contes, occupée par les puissants dépôts tertiaires. D'autres, primitivement parallèles aux précédents, c'est-à-dire orientés N.O.-S.E., passent à l'ouest de la même cuvette et s'abaissent tous brusquement avant d'arriver à la vallée du Paillon; les mêmes plis (ou d'autres qui leur correspondent exactement) surgissent de nouveau brusquement sur l'autre rive du Paillon, mais avec une direction sensiblement S.O.-N.E., c'est-à-dire à peu près perpendiculaire à leur direction primitive, et contournent ainsi l'extrémité sud-est de la grande cuvette de Contes pour redevenir N.O.-S.E. au contact des plis précédents (1° Sommet 566 à l'ouest de Laghet — Cime de la Caussinière — Cime de Rastel — Cime de Morgelle — Cime Garigliano ; 2° Tête de la Drette — Mont de la Bataille, — Mont Gros ; 3° Mont Fourches — Eze — la Tête de Chien — la Turbie).

Une autre bande parallèle, plus voisine du rivage et fragmentée par la mer, vient de la Chapelle du Bon Voyage (auprès de Nice) où elle a encore la direction N.O.-S.E., qui l'amène à la Cime de Vinaigrier ; puis elle descend au niveau de la mer à Villefranche et elle tourne ensuite graduellement pour arriver au Cap Roux et, après une interruption produite par la mer, former l'extrémité de la Pointe de Cabuel, puis le pied de la falaise depuis le voisinage de la station de la Turbie jusqu'à Monaco. Le Cap Martin, formé d'une bande jurassique orientée N.O.-S.E. et plongeant vers le N.E. sous le Crétacé et le Nummulitique de la grande cuvette de Menton, représente la prolongation de l'une des bandes précédentes, probablement la dernière, ayant tourné de nouveau à angle droit pour reprendre la direction générale des plis à l'est de Menton.

Une autre bande jurassique, plus méridionale et très fragmentée, donne naissance à la colline de Cimiez (où les gypses triasiques sont très développés), au Mont Alban et au Mont Boron, et enfin à la presqu'île de Saint-Jean. Un autre lambeau de Jurassique supérieur complètement isolé par l'érosion du Paillon pleistocène, au milieu duquel il devait former une île, forme la colline du Château, située au milieu de la ville de Nice et qui s'élève à 94 mètres.

Toutes ces bandes anticlinales sont séparées par des synclinaux occupés par les dépôts crétacés, souvent très réduits lorsqu'il y a chevauchement des anticlinaux les uns par dessus les autres vers le sud, comme on peut l'observer au village même de la Turbie. Le village de Beaulieu se trouve dans une cuvette crétacée, qui s'ouvre largement vers l'est, mais dont l'extrémité occidentale seule subsiste, tout le reste étant sous les eaux de la Méditerranée.

En résumé, on voit que, malgré une déviation locale des plis les plus voisins de Nice, tenant à ce qu'ils contournent l'extrémité de la grande cuvette de Contes, *toutes les lignes tectoniques de la région située à l'est du cours inférieur du Var arrivent finalement à reprendre la direction N.O.-S.E.* qui est celle que présentent sans aucune irrégularité les plis venant de Sospel à l'est de Menton.

FEUILLE SAINT-MARTIN-VÉSUBIE

PAR

M. Léon BERTRAND
Chargé de conférences de Pétrographie à la Sorbonne
Collaborateur adjoint.

Mes explorations de 1897 sur la feuille de Saint-Martin-Vésubie ont eu pour objet l'achèvement et la révision des contours de cette feuille, actuellement terminée.

Pour la plus grande partie de la feuille, je me suis borné à faire quelques modifications de contours, sans importance théorique. J'ai pu délimiter, dans toute la bordure triasique du grand dôme permien de la Cime de Barrot, trois grandes subdivisions dans la série triasique supérieure aux quartzites, ces subdivisions étant d'ailleurs purement lithologiques ; dans les autres affleurements de ces terrains, et en particulier dans la bordure du massif cristallin, je n'ai pu poursuivre ces divisions, soit à cause des trop nombreux plis qui les affectent et qui eussent demandé un nombre d'explorations hors de proportion avec l'importance de la question, soit à cause des changements de faciès dans le voisinage immédiat du massif que j'ai signalés dans un travail antérieur[1].

Cette étude détaillée de la bordure du dôme permien m'a permis en outre de reconnaître l'existence d'un certain nombre de petites failles semblables à celle que j'avais déjà signalée[2] ; certaines de ces failles sont situées vers la périphérie du dôme, d'autres dans le voisinage immédiat du centre. Elles sont d'ailleurs très peu importantes et ne modifient pas sensiblement l'allure du noyau permien de ce dôme.

D'autre part, j'ai ajouté sur la carte, principalement dans la vallée supérieure du Var, de nombreuses taches de A, lorsque les éboulis forment un véritable terrain, masquant complètement les couches sous-jacentes et jouant un rôle important dans la topographie et l'agronomie de la région. La plus grande partie de ces éboulis sont situés sur les marnes schisteuses oxfordiennes, au pied de l'escarpement de calcaires tithoniques, et proviennent de ces calcaires et des couches marno-calcaires néocomiennes et barrémiennes

---

[1] Léon Bertrand, *Étude géologique du Nord des Alpes-Maritimes* (Bull. Serv. Carte géologique, n° 56, p. 57).
[2] *Id.*, p. 160.

superposées; ils forment généralement les seules parties cultivables des pays où se rencontrent ces marnes noires, complètement dénudées et creusées de nombreux et profonds ravins. Ceux-ci entament aussi l'épais manteau l'éboulis qui recouvre les marnes et qui subsiste parfois en lambeaux absolument isolés à leur surface et assez éloignés du pied de la falaise tithonique; dans ce dernier cas, ces éboulis sont par conséquent d'âge relativement assez ancien et, lorsqu'on les réunit par la pensée, on voit qu'ils sont les témoins d'une phase de creusement de la vallée du Var beaucoup moins avancée que l'état actuel.

J'ai aussi achevé le tracé des contours de la partie du massif cristallin située sur le territoire français, en me bornant à établir des subdivisions très générales, à cause du grand nombre des variations locales des roches cristallines et de l'impossibilité matérielle de pouvoir les poursuivre et les délimiter exactement.

A l'extrémité nord-ouest du massif, au voisinage immédiat du Col de Pourriac, j'ai observé l'existence d'un lambeau de schistes noirs absolument identiques à ceux que j'ai rapportés au Houiller supérieur dans la haute vallée de la Vésubie. Ces schistes reposent là encore en discordance sur les schistes cristallins (qui paraissent dans cette région devoir être notés $x\ \gamma^{1}$, mais qui passent insensiblement à ceux qu'on doit sans aucun doute noter $\zeta^{2}\ \gamma^{1}$); mais, par suite de l'absence de Permien dans cette partie de la bordure du massif cristallin, ils sont directement recouverts par les quartzites triasiques, eux-mêmes très réduits en ce point. Ce lambeau de dépôts houillers n'est pas le seul que j'aie retrouvé dans mes explorations de cette année, dans la vallée supérieure de la Vésubie; j'en ai observé plusieurs autres, situés en plein massif cristallin : les deux plus importants se rencontrent, l'un au fond du cirque de Férisson, l'autre sur la crête frontière même, près de la Cime de Fuons Freja, à une altitude dépassant 2.300 mètres.

Quant à la région située dans l'angle nord-ouest de la feuille et qui appartient au bassin hydrographique de l'Ubaye, elle renferme, ainsi que je l'ai signalé brièvement dans mon compte-rendu de l'an dernier, de nombreuses complications tectoniques tenant à la présence de lambeaux de recouvrement et de plis couchés déjà indiqués par MM. Haug et Kilian dans une grande partie de la vallée de l'Ubaye. Cette région a été cette année l'objet d'une course commune avec mes deux collègues, faite dans le but d'établir le raccord des feuilles Gap, Larche, Digne et Saint-Martin-Vésubie; elle sera étudiée dans un compte-rendu spécial.

RÉGION LIMITE DES VALLÉES DE L'UBAYE, DU VAR ET DE LA TINÉE

PAR

MM. Léon BERTRAND, HAUG ET KILIAN
Collaborateurs du service de la Carte géologique.

Une course commune faite en 1897 par MM. Léon Bertrand, Haug et Kilian sur les angles contigus des quatre feuilles de Gap, Larche, Digne et Saint-Martin-Vésubie, dans le but d'établir le raccord des contours à la limite de ces feuilles, a permis d'observer les faits suivants :

La vallée tout à fait supérieure du Bachelard, entre Bayasse et le Col de la Cayolle, montre la succession complète des terrains depuis les marnes oxfordiennes jusqu'aux calcaires sénoniens, ainsi que le Priabonien, à l'état de flysch calcaire, et les grès d'Annot. Les terrains secondaires se suivent régulièrement le long de la vallée avec un plongement général vers le sud, et en même temps les vallons latéraux de la rive droite montrent un plongement assez fort vers l'est, sous la grande cuvette tertiaire de Sanguinière. Les dépôts tertiaires de cette cuvette, discordants sur les terrains précédents[1], reposent sur les calcaires sénoniens au voisinage du Col de la Cayolle, tandis qu'ils arrivent à être directement superposés aux calcaires tithoniques, à l'entrée du vallon de la Moutière, près de Bayasse. Il existe donc là un plissement post-sénonien et anté-priabonien, qui est vraisemblablement en relation avec l'anticlinal anté-nummulitique de Terres-Pleines[2].

D'autre part, la course en question a permis de vérifier l'existence de la faille indiquée sur la carte géologique au 1/200.000e du Nord des Alpes-Maritimes[3], entre le Col de la Cayolle et le Sommet de l'Eschillon ; cette faille, qui amène sur la rive droite du Bachelard les grès d'Annot en contact latéral avec les calcaires sénoniens, ne paraît pas passer sur la rive gauche.

La partie la plus intéressante de la course a eu pour objet l'étude des plis

---

[1] Léon Bertrand, *Bull. Carte géol.*, n° 56, p. 147.

[2] E. Haug et W. Kilian, *Les lambeaux de recouvrement de l'Ubaye, Comptes rendus de l'Académie des sciences*, 31 déc. 1894.

[3] Léon Bertrand, *loc. cit.*, pl. VIII. — La direction de cette faille doit être un peu modifiée sur la carte en question ; elle est presque exactement N.O.-S.E.

couchés et des lambeaux de recouvrement situés dans l'angle nord-ouest de la feuille de Saint-Martin-Vésubie. Ces remarquables accidents avaient été déjà sommairement indiqués par l'un de nous[1], qui avait tracé approximativement les contours géologiques de cette région dans de précédentes explorations; ils sont la continuation de ceux qui ont été décrits[2] dans la partie de la vallée de l'Ubaye située sur les feuilles de Gap et Digne.

Les faits observés peuvent se résumer ainsi. Il existe deux catégories d'affleurements de roches secondaires (triasiques et jurassiques), paraissant bien nettement appartenir à *deux accidents tectoniques* absolument distincts.

1º Le Gerbier, le Gias des Chamois et le Mourre-Haut sont formés par des calcaires jurassiques supérieurs blancs, coralligènes et renfermant des *Diceras*, surmontés par des calcaires gris à grandes Nummulites. Ce sont des *lambeaux de recouvrement posés sur le flysch gréseux* (ou les grès d'Annot, qui en sont l'équivalent) et qui ne peuvent certainement avoir de racine en profondeur. D'autre part, il existe au Mourre-Haut, c'est-à-dire dans le lambeau le plus méridional, une *charnière anticlinale* indiscutable tournée vers le sud, les calcaires nummulitiques enveloppant l'extrémité des calcaires jurassiques et passant au-dessous de ceux-ci; en sorte que *ces lambeaux viennent du nord*.

L'autre série d'affleurements, formés par les calcaires triasiques et liasiques et, en quelques points, par des cargneules triasiques et même des quartzites, présente des caractères très différents ; ces couches secondaires *s'enfoncent dans le flysch*, à la façon d'*anticlinaux couchés*, plus ou moins étirés localement, mais présentant souvent leurs deux flancs complets. Ces affleurements sont parfois réduits à quelques mètres carrés.

Le point le plus oriental où ils aient été rencontrés par M. Léon Bertrand est le Col de Pelousette et le flanc ouest de la Cime de Pelouse, où il semble exister une charnière anticlinale tournée vers le sud. Ils forment une première bande qui, partant de ce point et traversant la crête qui sépare le vallon de Pelouse de celui de Granges-Communes, va former le soubassement du cirque qui termine cette dernière vallée; on y voit les calcaires triasiques, reposant sur ceux du Lias et recouverts par eux, s'enfoncer dans le flysch du soubassement du Mourre-Haut, dont le sommet est constitué par l'un des précédents lambeaux, reposant sur ce flysch. Il y a donc là *superposition indiscutable des deux nappes de terrains secondaires*.

Après quelques petits affleurements isolés de Trias et de Lias rencontrés tout à fait au fond du vallon de Granges-Communes, puis au voisinage du Col de Restefond et sur le versant ouest du Mourre-Haut, on retrouve une nouvelle bande aussi importante que la précédente. Elle forme la Roche Madalena et, après s'être enfoncée jusqu'au sommet du vallon de Clapouse (rive gauche), au pied de grands escarpements de flysch, elle se dirige vers le nord et

---

[1] Léon Bertrand, *Bull. carte géol.*, nº 56, p. 68-69; *Id.*, nº 59, p. 115.
[2] Haug et Kilian, *loc. cit.*

s'étend d'une façon continue sur le versant oriental du chaînon de Tête-Dure et de la Pellantière, jusqu'au dessus de la cabane du Piz.

Sur le versant méridional du Chevalier (vallon de la Moutière), il existe une nouvelle bande de calcaires triasiques qui se continue vers l'ouest par l'imposante masse du Ventebrun, mais dont la continuité vers l'est avec la précédente n'est pas établie. Il semble plutôt même que la série précédente d'affleurements triasiques et liasiques forme un pli dont la charnière anticlinale, après être dirigée E.-O., depuis la Cime de Pelouse jusqu'au fond du vallon de Clapouse, se dévie là brusquement à angle droit vers le nord, sans passer sur l'emplacement de l'anticlinal anté-nummulitique de Terres-Pleines. Quant à la racine même de ce pli, il paraît jusqu'ici assez difficile d'en indiquer l'emplacement ; deux petits affleurements de calcaires triasiques situés sur les deux rives du vallon de Granges-Communes, au confluent de celui de Pelousette (les Sagnes), en seraient peut-être la trace.

Ce n'est pas seulement à l'est du vallon de Terres-Pleines, sur la feuille de Saint-Martin-Vésubie, qu'il existe des restes de deux nappes de recouvrement superposées; dans une note antérieure[1], deux d'entre nous ont établi l'existence de deux nappes tout à fait analogues, dont l'inférieure est constituée surtout par des couches triasiques, tandis que la supérieure comprend presque exclusivement des couches liasiques, jurassiques supérieures (coralligènes), éocènes (à grandes Nummulites) et qui forment, sur la rive gauche de l'Ubaye (feuille de Digne), à l'ouest du vallon de Terres-Pleines, une traînée continue de lambeaux de recouvrement. Dans l'un et l'autre cas on ne peut, en ce qui concerne la nappe supérieure, qu'affirmer une chose, c'est son origine lointaine ; et il est à peu près certain que les lambeaux situés sur la feuille de Digne étaient primitivement en continuité avec ceux de la feuille de Saint-Martin-Vésubie.

Quant à la nappe inférieure, sa racine paraît devoir être cherchée dans une longue bande de terrains triasiques intercalée dans le flysch et s'étendant, sur la rive droite de l'Ubaye (feuille de Gap), du Col de Famouras à Jausiers. Contrairement à ce qui a lieu pour la nappe supérieure, la nappe inférieure à laquelle appartiennent les lambeaux situés à l'ouest du vallon de Terres Pleines et jusqu'au Ventebrun ne semble pas être en continuité avec la nappe inférieure à laquelle appartiennent les lambeaux situés à l'est du même vallon; il y avait vraisemblablement *absence de continuité entre ces deux nappes inférieures de part et d'autre d'une bande correspondant au pli anté-nummulitique nord-sud de Terres-Pleines.*

Un fait précis peut être invoqué en faveur de cette manière de voir : près de Jausiers, la bande de Trias dont il vient d'être question, au lieu de se présenter comme la racine d'un anticlinal couché dont la charnière serait située plus au sud (c'est-à-dire de montrer simplement la *section* des assises com-

---

[1] E. Haug et W. Kilian, *Notice géologique sur la vallée de Barcelonnette*. Soc. botan. de France, session extraordinaire de la haute vallée de l'Ubaye, notice, pl. IV.

posant ce tronçon de pli), présente, au-dessus du champ de tir de Chanenc,
une charnière anticlinale de calcaires triasiques extrêmement nette.

Cette disposition indique, pour ce point et pour le noyau triasique, la limite méridionale du recouvrement ; les couches triasiques s'enfoncent ensuite
sous le flysch qui traverse l'Ubaye en amont de Jausiers. Il est probable que
les affleurements triasiques des Sagnes, dont il a été question plus haut, doivent être envisagés comme une réapparition du même pli triasique. L'anticlinal triasique des Sagnes, qui crève sa couverture de flysch près du confluent de la Pelousette, s'étendrait ainsi brusquement par dessus des couches
plus récentes pour former le pli couché inférieur des vallons de Clapouse,
de Granges-Communes et de Pelousette. Ce serait donc le même pli qui, momentanément enfoui sous le flysch à la traversée de l'Ubaye, prendrait à
l'ouest et à l'est de Jausiers un grand développement vers le sud, de manière
à constituer deux nappes de recouvrement distinctes (toutes deux inférieures
à la grande nappe supérieure) : ce serait l'anticlinal préexistant, anté-nummulitique, de Terres-Pleines, à direction nord-sud, qui localement aurait
empêché la propagation du pli vers le sud[1].

FEUILLES DE CHAMBÉRY ET ALBERTVILLE

REVISION DE NANTUA ET ANNECY

PAR

M. H. DOUXAMI
Agrégé de l'Université, Docteur ès sciences
Collaborateur adjoint.

I. Dans les courses effectuées cette année dans le massif des Bauges avec
M. Révil, en particulier dans la région des Déserts, près de Chambéry, nous
nous sommes efforcés de préciser d'une façon définitive la tectonique de
cette région et l'âge exact des différents terrains tertiaires disposés dans ce
synclinal. Les résultats de cette étude seront publiés dans un bulletin spécial.

Poursuivant vers le Nord l'étude des terrains tertiaires des Bauges dans le

---

[1] Cette dernière hypothèse n'est acceptée par M. Kilian que sous toutes réserves.

massif du Génevois, l'étude de la montagne de Veyrier que j'ai faite m'a permis de préciser un certain nombre des faits avancés par G. Maillard [1]. La construction de la nouvelle ligne de tramway d'Annecy à Thônes a beaucoup facilité cette étude.

La montagne de Veyrier forme un petit massif isolé par la cluse du Fier au Nord, la vallée anticlinale de Bluffy ou de Lancogne à l'Est, enfin par le lac d'Annecy, que la montagne surmonte presque à pic. C'est une voûte anticlinale urgonienne flanquée à droite et à gauche de deux petits plis secondaires tertiaires. C'est le prolongement de l'anticlinal du Roc-des-Bœufs, anticlinal limitant à l'Ouest le synclinal d'Entrevernes au sud du lac d'Annecy, qui change légèrement de direction en s'infléchissant vers le Nord-Est. En partant d'Annecy et se dirigeant par la route du défilé de Saint-Clair, on peut relever la coupe suivante de la façon la plus nette : L'Aquitanien qui occupe avec le Langhien presque impossible à distinguer la grande plaine synclinale d'Annecy affleure près du château de la Peisse avec son faciès habituel de grès mollassiques verdâtres ou rougeâtres, plus ou moins micacés et avec quelques lits marneux intercalés. Les couches inclinent vers l'est tandis que vers les Baraques ou Sur les bois elles inclinent à l'Ouest.

Immédiatement au dessous, sans aucune discordance, on passe insensiblement à des grès gris bleuâtres en bancs de 25-30 centimètres d'épaisseur séparés par des lits marneux devenant fortement micacés correspondant tout à fait aux grès micacés supérieurs des Déserts, près Chambéry ($e^3\ m_{\prime\prime\prime}$); quelques lits sont très riches en débris de plantes. Ces couches se retrouvent tout le long de la bordure occidentale des Alpes du Génevois, dans les Voirons et jusqu'en Suisse. Ce sont les couches tout à fait supérieures du Tongrien.

Au dessous, en suivant la route, on traverse des grès et des calcaires plus ou moins siliceux devenant parfois sableux au contact de l'air. C'est l'équivalent des grès à petites nummulites des Bauges (*N. Striata, N. Ramondi*). La route du tramway a mis en outre à découvert les couches inférieures constituées par des bancs de calcaire siliceux, gréseux (flysch gréseux) très riches en fossiles et où l'on peut recueillir en abondance près du hameau du Creux :

> *Ostrea Brongniarti* Bronn.
> *Cardita imbricata* d'Orb.
> *Pecten imbricatus* Desh.
> *Pecten subdiscors* d'Archiac.
> *Pecten pictus* Goldf.
> *Pecten subtripartitus* d'Archiac.
> Quelques rares nummulites (*N. Ramondi?*)

A la partie inférieure de ces couches, fortement redressées et presque renversées, on rencontre des calcaires rognonneux présentant de nombreuses

---

[1] *Bulletin* n° 6.

concrétions et où les Pectens deviennent beaucoup plus rares. C'est la base
des terrains tertiaires appartenant toujours au Tongrien. Ils reposent sur des
calcaires blancs appartenant au Senonien en ce point, tandis que vers les Bois
c'est directement sur l'Urgonien fortement redressé. En continuant de se diriger vers le Fier on coupe une petite combe occupée par des grès d'aspect molas-
sique parfois plus ou moins jaunâtres quand ils sont altérés et appartenant au
Gault. L'Urgonien presque renversé vient ensuite, et la route permet de voir
le noyau anticlinal d'Hauterivien qui se poursuit au delà du Fier par les
rochers de Rochebas et de Nauvy. L'Urgonien, en couches presque horizontales, affleure seul ensuite formant de grandes tables régulières sur lesquelles
il est facile de constater la présence de nombreux lambeaux de grès verdâtre
témoins de l'ancienne couverture continue de Gault.

Près du défilé du Pont en se dirigeant vers le col Rampon, on peut relever
la coupe bien connue du petit synclinal tertiaire d'au dessus de Veyrier[1]. Nous
retrouvons là en particulier les grès à petites nummulites reposant par un
conglomérat sur la craie sénonienne à *Belemnitelles* et *Inocerames*, puis les
calcaires gréseux à *Pecten* et des schistes marneux micacés à rares écailles de
poissons. Les couches tout à fait supérieures du Tongrien (grès micacés) manquent ici.

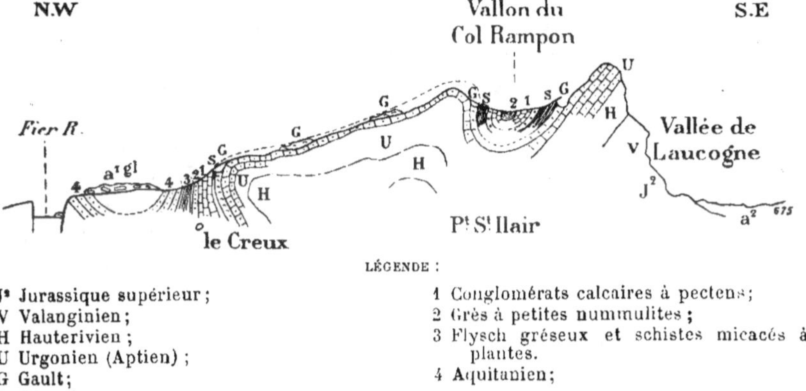

LÉGENDE :

J² Jurassique supérieur ;	1 Conglomérats calcaires à pectens ;
V Valanginien ;	2 Grès à petites nummulites ;
H Hauterivien ;	3 Flysch gréseux et schistes micacés à
U Urgonien (Aptien) ;	plantes.
G Gault ;	4 Aquitanien ;
S Sénonien ;	

La route qui termine à l'Est la montagne de Veyrier est profondément érodée, le Valangien à faciès marneux affleure de la vallée de Lancogne ainsi
que le jurassique supérieur. Cette vallée anticlinale de Lancogne se rattache
au roc de Chère et par suite au delà du lac d'Annecy à l'anticlinal de la
Dent-des-Portes et du Trélod à l'Est d'Entrevernes. Le vallon synclinal du
col Rampon correspond donc au synclinal d'Entrevernes et se poursuit vers
les Rochers-de-Lachat et sous le Parmelan.

[1] De Mortillet, *Géologie et minéralogie de la Savoie*, p. 3, fig. 12.

II. Feuille de Chambéry. *Bassin de Belley.* — Le faisceau jurassien des hautes chaînes calcaires qui se prolonge au Sud presque sans complication jusque dans le Vercors au delà de l'Isère, se complique vers le Nord, par dédoublement des plis et surtout au niveau du Rhône par l'adjonction de la zone des Plateaux. Le bassin de Belley est justement situé entre la montagne des Parves, prolongement septentrional de la chaîne du mont Tournier, l'anticlinal le plus occidental du faisceau jurassien et la zone des Plateaux.

M. Hollande[1] a montré que la chaîne anticlinale du mont Tournier-Chaîne des Parves finissait aux rochers de Musin et n'est plus indiqué que par une faille entre les anticlinaux de Chatonod à l'Est, et du Molard-de-Don à l'Ouest; le bassin de Belley se trouve ainsi se terminer assez brusquement vers le Nord du monticule urgonien de Rothonod. Au Sud il se rattache très nettement aux terrains tertiaires de la région de Saint-Genix-d'Aoste et de Pont-de-Beauvoisin. Il constitue un plateau d'une altitude moyenne de 300 mètres environ, entièrement formé par les dépôts tertiaires et quaternaires séparé par les vallées du Furans et de l'Ousson des dépôts secondaires.

Le petit synclinal de Saint-Martin-de-Bavel à l'Est de l'anticlinal de Chatonnod, et qui fait partie du grand synclinal de Yon-Artemare, prolongement septentrional du synclinal de Novalaise, présente la succession suivante reposant sur l'Urgonien plus ou moins érodé et perforé :

1° Conglomérat local (calcaires néocomiens et jurassiques) à galets bien roulés. Ce conglomérat rappelle tout à fait celui de la base du Burdigalien supérieur le long de la montagne de l'Épine, 1 à 3 mètres.

2° Mollasse calcaire 1 à 2 mètres avec *P. præscabriusculus* Font.
Turritella terebralis Lamk.

3° Molasse argileuse, calcaire, de couleur bleue avec fossiles excessivement rares, sauf *Hornera striata* Mild. Edw. et dents de *Squale*, 5 à 6 mètres.

4° Mollasse gréseuse grise avec oursins. *Echinolampas scutiformis* Ag.
Echinolampas hemosphæricus Aq.
Ostrea squamosa M. de Serres.
Moules de Venus, Cytherea.

5° Passant à une mollasse micacée grise, relativement très calcaire. Toutes ces couches représentent le Burdigalien supérieur.

6° Grès grossiers et lits de charriage indiquant une nouvelle transgression marine correspondant au deuxième étage méditerranéen, caractérisés par des dents de *Lamna, Ostrea crassissima* Lamk. *Ostrea Granensis* Font. *O. virginiana* Gmel. Cette succession est très visible sous l'église de Saint-Martin-de-Bavel, le long de la route qui conduit à Yon-Artemere.

La succession complète des assises tertiaires du bassin de Belley s'observe facilement dans une coupe nord-est-sud-ouest passant par Magnieu, Belley, Arbignieu (fig. 2).

Dans les vignes, au dessus de Magnieu, lorsque le glaciaire n'existe pas, on voit reposer sur le Valanginien :

[1] *Comptes rendus des collaborateurs.* 1896, p. 130.

1° Un conglomérat calcaire d'origine locale surmonté par

2° Une mollasse argileuse de couleur grise avec *Pecten præschriusculus* Font.
du Burdigalien supérieur identique à celle de Saint-Martin de-Bavel ;

3° Des assises de grès grossiers avec débris d'huîtres et de balanes bien
visibles vers le bas de Magnieu et dans la petite vallée qui sépare la butte de
Murin du plateau de Belley ;

N.E   S.W

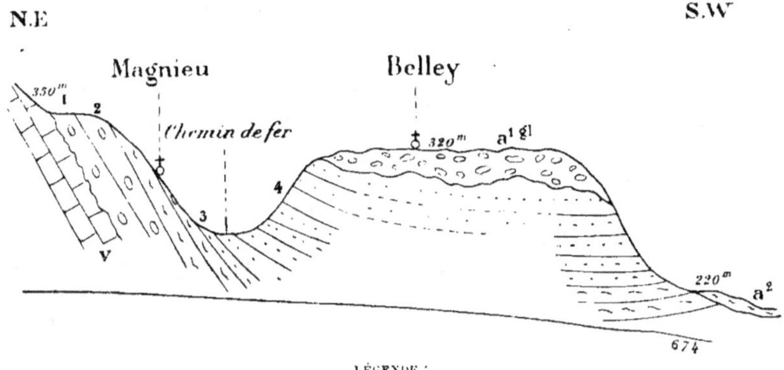

LÉGENDE :

V Valauginien. 1 Conglomérats calcaires; 2 Mollasse à *P. præscabriusculus* ;
3 Grès grossiers. . . . . . } (2° Étage méditerranéen. Vindobonien.
4 Assises marno-sableuses. }

4° assises marno-sableuses, avec quelques bancs de grès durs faisant saillie
dans les affleurements et ne renfermant que quelques débris de coquilles
indéterminables. Souvent des lits présentent des galets marneux et rappellent
le faciès de la mollasse pontienne à *Nassa Michaudi* des environs de Lyon.
Généralement les couches supérieures (Belley) sont entièrement formées de
sables jaunâtres; les couches superficielles sont toujours, le plus souvent,
colorées par l'oxyde de fer et extrêmement dures.

Ces deux dernières séries de couches appartiennent au second étage méditerranéen (Vindobonien).

Il est difficile, dans le bassin de Belley, dans l'état actuel de nos connaissances, de dire si le Pontien (Miocène supérieur) est représenté comme dans
le synclinal voisin de Novalaise-Val-Romey, ou sur la bordure du Jura. Toutes ces couches sont, en effet, entièrement recouverts par le glaciaire et n'affleurent que sur la bordure du plateau ou dans les vallées d'érosion. Elles
sont bien visibles, en particuliers vers le Bac, entre Magnieu et Belley,
tout le long de la voûte de Belley à Peyrieu.

La butte du Molard entre Virignieu et Belley présente la même succession.

Synclinal de Novalaise-Val-Romey. — Toute la portion du Val-Romey, comprise sur la feuille de Chambéry, est surtout occupée par le glaciaire (a^{1gl}), tout
le long de la bordure orientale de l'anticlinal de la montagne des Parves depuis

le Rhône jusqu'au delà de Peyrieu, il repose sur l'Urgonien et les différents termes du Néocomien.

La butte de Massignieu est intéressante à signaler, parce qu'elle permet de constater l'existence d'un petit lambeau de mollasse à *Pecten præscabriusculus* et près de Paris-Debout, en transgression sur les couches précédentes et sur l'Urgonien, d'un lambeau de mollasse à faciès lacustre appartenant au Vindobonien supérieur sinon même au Pontien.

Les dépôts glaciaires jouent dans toute cette région, en effet, un rôle considérable. Ils sont formés par des roches d'origine locale et aussi par de nombreux blocs d'origine alpine. Les blocs erratiques de chloritoschistes et de schistes houillers sont répandus pour ainsi dire partout, à la surface des dépôts secondaires et tertiaires depuis Saint-Martin-de-Bavel jusqu'au Rhône. Fait important à signaler, ces dépôts glaciaires ne semblent pas s'étendre beaucoup à l'Ouest du bassin de Belley vers le Molard-de-Don.

La petite butte de Rothonod au Nord de Belley est particulièrement intéressante à considérer. Elle est en effet constituée à la base par des alluvions stratifiées, exploitées par l'empierrement, surmontées pour des dépôts glaciaires appartenant par suite bien nettement à la deuxième glaciation.

Ce sont les formations interglaciaires qui constituent toute la côte plantée de vignes, qui s'étend de Chazey à Magnieu (mont Choisi, 325 mètres) souvent agglomérées en poudingues par les eaux d'infiltration ayant lavé la boue glaciaire et s'étant chargées de calcaire; ces poudingues sont identiques à ceux que l'on rencontre aux environs de Lyon.

Les alluvions glaciaires ($a^{1}g^{1}$) très développées sur la montagne des Parves et sur son versant oriental, jouent également, plus au Nord, un rôle important. Elles sont particulièrement intéressantes à étudier dans la région de Saint-Champ-de-Chatonnod : la boue glaciaire occupe en effet tout le fond de la vallée du lac de Barterand et des vallées voisines et donne lieu à des marais. La butte de Chatonnod est formée par des alluvions anciennes à stratification inclinée plongeant vers le lac. Ce sont ces dépôts glaciaires qui constituent aussi la vallée du lac de Bare par où s'écoulaient primitivement, comme il est facile de le constater le long de la route, les eaux de la vallée de Saint-Champ. Les lacs de Bare et de Bartenand comme tous les lacs de cette région ont une origine glaciaire des plus nettes. Les roches polies et striées abondent dans toute la région.

Je rapporte aux alluvions anciennes post-glaciaires toutes les petites lentilles de sables et de graviers généralement exploitées comme celles du Lit-au-Roi et celles situées à différentes hauteurs dans la cluse de Pierre-Châtel correspondant aux érosions successives du Rhône.

Les alluvions glaciaires occupent aussi une espace considérable au sud du Rhône dans le synclinal de Novalaise dans la région comprise entre Yenne et Saint-Paul.

Entre le petit anticlinal urgonien secondaire de la montagne de Thiers qui fait affleurer vers le Chevelu la mollasse marine à *Pecten præscabriusculus* (l'Urgonien au contact est perforé par les Pholades) et la chaine de l'Épine, vers Billième les alluvions interglaciaires stratifiées et consolidées en poudingues, sont excessivement développées (50 mètres d'épaisseur). Elles présentent des lits sableux, marneux, qui, à première vue, pourraient les faire confondre avec des dépôts mollassiques. Le glaciaire les surmonte à Billième même.

Feuille de Nantua. — L'étude que j'ai entreprise de la vallée du Rhône entre le Colombier et la chaine du Credo, et dont les résultats complets feront l'objet d'un mémoire spécial, m'a permis, cette année, de reconnaitre de la façon la plus précise jusqu'aux environs de Mieugy et d'Anglefort, l'existence d'alluvions anciennes post-glaciaires inclinées du sud au nord, permettant de conclure à l'extension à la fin de la période glaciaire d'un lac où se déversait le Rhône, qui y formait un delta torrentiel des plus nets.

FEUILLE DE GAP

PAR

M. Émile HAUG

Maître de conférences à la Faculté des sciences de l'Université de Paris
Collaborateur principal.

J'ai consacré une partie de ma dernière campagne à l'étude du *soubassement* des grands lambeaux de recouvrement de l'Ubaye et de l'Embrunais, et je me suis surtout attaché à explorer les environs d'Embrun et la rive droite de l'Ubaye, depuis le pont d'Ubaye jusqu'à Jausiers.

Dans cette région du soubassement on voit affleurer les terrains suivants :

Trias. — Pointements de calcaires triasiques au milieu des couches éocènes sur le versant nord (au dessus des Manins) et sur le versant sud (bois de Mazelière) du vallon des Orres.

Bajocien. — Calcaires marneux en bancs réguliers, identiques à ceux des environs de Gap, avec fossiles indéterminables, à l'est d'Embrun, sur les deux rives de la Durance, et aux Salettes, en aval des Orres. Les mêmes dépôts forment, près du confluent de l'Ubaye et de la Durance, par suite de l'existence de plusieurs plis dirigés N.O.-S.E., plusieurs barres calcaires séparées par des affleurements de Lias supérieur.

Bathonien. — Des schistes noirs marneux sans fossiles, très puissants, entaillés par de nombreux ravins, constituent, dans leur partie inférieure, les deux versants de la vallée de la Durance entre Savines et Embrun. Ils affleurent également à la gare de Prunières et forment sur la rive opposée une bande continue s'étendant par le Sauze jusqu'à Ubaye. Dans la vallée de l'Ubaye, ils reparaissent ensuite à Revel et affleurent sur les deux rives jusqu'à Jausiers. Dans les environs de Barcelonnette, il est presque impossible de séparer, dans la pratique, ces schistes bathoniens des marnes oxfordiennes qui leur font suite, mais qui sont beaucoup plus délitables et plus finement stratifiées et contiennent, à la base et au sommet, des nodules calcaires fossilifères.

Oxfordien-Aptien. — La série complète des couches allant de l'Oxfordien à l'Aptien n'existe, dans la région parcourue, que dans l'angle formé par la Durance et l'Ubaye, et sur la rive gauche de cette dernière rivière, aux environs de Saint-Vincent. A Savines, une surface de contact anormal a ramené le Bajocien et le Bathonien par-dessus les marnes aptiennes, le Néocomien et le Jurassique supérieur. La barre de calcaires jurassiques supérieurs, noduleux à Savines, compacts à Ubaye, constitue, sur la feuille de Gap, l'affleurement le plus oriental du faciès vaseux; on sait qu'aux environs de Guillestre le Malm présente le faciès des marbres rouges de Guillestre et que le Crétacé y fait totalement défaut.

Éocène supérieur. — Sauf dans la région dont il vient d'être question, où il repose sur les marnes aptiennes, le Nummulitique est partout en contact direct avec les schistes bathoniens; c'est le cas aussi bien dans la vallée de la Durance, aux environs d'Embrun, que sur la rive droite de l'Ubaye, entre Revel et Jausiers.

L'année dernière déjà j'étais arrivé au résultat que les schistes gris satinés, avec bancs de calcaires intercalés, qui affleurent près d'Uvernet sur les deux rives du Bachelard (feuille de Digne) et que j'avais considérés autrefois comme bajociens, appartiennent en réalité à l'Éocène supérieur. J'ai trouvé des schistes et calcaires schisteux analogues à Réallon, aux environs d'Embrun, puis à Revel, à Méolans, aux Thuiles et jusqu'à Jausiers. Ces mêmes schistes constituent, presque sans interruption, les pentes sur la rive gauche de l'Ubaye, depuis Uvernet jusqu'au Lauzet, et leur superposition au Bathonien s'observe en beaucoup de points sur les deux rives. Au Lauzet ces schistes satinés sans fossiles passent latéralement à des dalles calcaires plus ou moins schisteuses contenant des intercalations de bancs à petites nummulites qui permettent de déterminer leur âge (e³); de plus, la série schisteuse supporte au Lauzet des masses puissantes de calcaires noirs à petites nummulites, traversées de veines spathiques, véritables marbres, dans lesquels sont creusées les gorges de l'Ubaye.

J'ai été frappé de l'identité que présentent ces calcaires à petites nummulites avec les marbres de Ragatz, que j'avais vus quelques semaines auparavant, et non moins grande est l'analogie des schistes satinés sous-jacents avec les schistes éocènes de la gorge de Pfäffers, de même qu'avec les schistes du Prättigau, dont l'âge éocène ne peut plus faire aucun doute[1].

Je n'ai rencontré les calcaires à petites nummulites qu'à Pontis et au Lauzet ; plus à l'est, ils sont remplacés par des schistes noirs avec bancs minces de grès à surfaces micacées et de calcaires noirs satinés, que l'on peut confondre facilement avec les schistes bathoniens, mais qui reposent toujours *sur* les schistes calcaires satinés. Dans les environs d'Uvernet, ces schistes noirs forment des synclinaux dans les schistes calcaires. Ce sont sans doute ces schistes noirs que M. Kilian a vu passer au Nummulitique au sud de la région que j'ai étudiée. Mon collègue et moi, nous sommes d'accord pour désigner les schistes calcaires inférieurs sous le nom de « flysch calcaire ».

Oligocène. — L'Oligocène est représenté dans l'Embrunais et dans l'Ubaye par une puissante masse de grès que Charles Lory désignait sous le nom de « grès de l'Embrunais » et qui sont connus dans le Sud des Basses-Alpes et dans les Alpes-Maritimes sous le nom de « grès d'Annot ».

Ces grès, qui ont été souvent décrits, sont, au Lauzet, séparés des calcaires à petites nummulites par des schistes marneux et gréseux jaunes et gris atteignant tout au plus 20 mètres de puissance. Vers Barcelonnette, ils sont beaucoup moins siliceux que dans les régions environnantes et ils constituent par places un véritable « flysch gréseux ». A Uvernet ils peuvent être facilement distingués des schistes noirs de l'Éocène supérieur sur lesquels ils reposent, bien que la limite entre les deux termes soit indécise sur une certaine épaisseur, mais il n'en est pas de même partout et il nous a semblé, à M. Kilian et à moi, que, dans la chaîne du Parpaillon, par exemple, les schistes noirs et le flysch gréseux viennent se fondre en une masse puissante de schistes gréseux et calcaires, qu'il sera probablement difficile de séparer des schistes calcaires satinés de la base de l'Éocène supérieur. Nous n'avons d'ailleurs pas étudié encore cette crête du Parpaillon qui sépare l'Embrunais de l'Ubaye, mais nous avons rencontré des difficultés analogues sur la feuille de Digne, vers la limite des Alpes-Maritimes. J'ajouterai que, dans les environs de Jausiers, l'Oligocène se termine par des schistes rouges papyracés[2], qui forment dans les escarpements des bandes colorées marquant vrai-

---

[1] Là ne s'arrêtent pas les analogies que j'ai pu constater entre la série sédimentaire de l'Ubaye et celle des Grisons : les calcaires du Trias moyen sont identiques dans les deux régions et il en est de même des calcaires coralligènes du Malm, qui forment, au pied méridional du Rhätikon, une bande continue jusqu'à Klosters.

[2] E. Haug et W. Kilian, *Notice géologique sur la vallée de Barcelonnette*. Soc. botan. de France, *Notice sur la haute vallée de l'Ubaye*, p. 3 du tirage à part. Montpellier, 1897.

semblablement les emplacements des synclinaux. M. Kilian et moi, nous les rangeons dans l'Aquitanien.

Gypses éocènes. — Dans les environs de Méolans et des Thuiles, ainsi qu'à Uvernet, il existe des gypses intercalés dans les schistes calcaires de l'Éocène supérieur, en particulier à la limite de ces schistes et des schistes noirs qui leur font suite. Ils ont été attribués par M. Goret au Bajocien et j'avais pensé, à la suite de mes courses des années précédentes, devoir les considérer comme triasiques. En réalité ils semblent postérieurs au dépôt des schistes éocènes et résultent vraisemblablement de la décomposition des pyrites. La pyrite cubique est, en effet, très abondante dans certains bancs des schistes satinés. On conçoit aisément que le gypse se soit déposé de préférence à la limite des schistes calcaires satinés et des schistes noirs, c'est-à-dire à la limite d'une couche relativement perméable et d'une couche imperméable.

Ces gypses sont exploités.

Tectonique. — La direction des couches dans le soubassement des lambeaux de recouvrement de l'Embrunais et de l'Ubaye est en général N.O.-S.E., au moins sur la feuille de Gap, cependant l'anticlinal qui fait affleurer à Embrun les calcaires bajociens est dirigé N.-S.

Les pointements triasiques des Orres appartiennent à des anticlinaux dont la continuité et la direction n'ont pu encore être établies.

Les bandes de grès d'Annot et de flysch gréseux indiquent l'emplacement de synclinaux ordinairement isoclinaux, séparés dans les hauteurs par des bandes anticlinales de flysch calcaire, tandis que dans les profondes coupures de la Durance et de l'Ubaye le substratum jurassique est mis à nu. Toutes ces bandes ne sont d'ailleurs encore qu'amorcées et le tracé de leurs contours demandera de longues semaines de courses dans une région d'accès difficile.

Dans l'Ubaye un premier synclinal de grès d'Annot passe au nord-est du col Bas, c'est celui que M. Kilian a suivi sur la feuille de Digne depuis la frontière des Alpes-Maritimes (synclinal de Saint-Honnorat) jusque dans le Laverq. Mais ce n'est pas ce synclinal, c'est le suivant, celui du Lauzet, qui s'enfonce sous la masse de recouvrement du Morgon. Il se continue vers le sud-est et supporte les lambeaux des Séloanes. Aux Thuiles il existe des traces d'un troisième anticlinal, dont la présence se traduit par l'existence de flysch gréseux *dans le bas de la vallée*, à l'ouest de l'immense cône de déjection du Riou Bourdoux, et qui se continue vers le sud-est sur la rive gauche de l'Ubaye, où nous le retrouvons entre Uvernet et les Alaris, sous la forme d'un témoin de flysch calcaire et de flysch gréseux pincé dans des calcaires du Jurassique supérieur formant synclinal au milieu des terres noires oxfordiennes. La direction de ce synclinal est N.-S., les terres noires bathoniennes-oxfordiennes forment, à l'est de ce pli, une sorte de massif amygdaloïde, dont le centre se trouve un peu au sud de Barcelonnette et qui détermine une déviation et une divergence des plis qui viennent du nord-ouest. Au nord du massif j'ai rencontré d'abord le petit synclinal de schistes calcaires satinés du bois des Allemands, puis un second synclinal, constitué également par de l'Éocène pincé dans les marnes oxfordiennes, mais ayant conservé, entre les torrents de Faucon et du Bourget, un noyau de flysch gréseux. A ce synclinal fait suite vers le nord l'anticlinal de Trias dirigé O.-E. que M. Kilian et moi avions étudié précédemment.

Les courses que j'ai consacrées à l'étude du substratum des masses de recouvrement de l'Ubaye m'ont forcément amené à étudier, en quelques points, les allures de la surface de contact anormal qui marque la limite entre ces masses et le substratum. Cette surface est loin d'être plane, car, postérieurement au recouvrement, la région a continué à subir des plissements extrêmement intenses, affectant à la fois le substratum et la nappe de recouvrement, qui se sont comportés comme des couches en superposition normale. Ces plissements postérieurs au recouvrement ont même eu pour effet la formation de plis couchés auxquels l'érosion s'est attaqué. Il en résulte des synclinaux dont le noyau est plus ancien que les couches qui l'entourent et qui se présentent en apparence comme des anticlinaux. C'est ainsi que près du Lauzet, sur la rive droite de l'Ubaye, des masses de Lias appartenant à la nappe de recouvrement se trouvent conservées dans des synclinaux de flysch. L'année dernière nous avions pu constater, M. Kilian et moi, dans une course faite en compagnie de M. Arnaud, des accidents analogues dans le massif des Petites Séolanes.

Quant à l'origine, à la « racine » de la nappe de recouvrement, elle fait l'objet d'une note spéciale.

FEUILLE DE CHAMBÉRY

PAR

M. D. HOLLANDE
Directeur de l'École préparatoire à l'enseignement supérieur à Chambéry
Collaborateur adjoint.

Les courses faites cette année sur la feuille de Chambéry ont eu essentiellement pour but la rectification des tracés. Il est cependant résulté quelques

---

[1] *Ibid.*, p. 3.

faits nouveaux de ce travail. C'est ainsi qu'au-dessus de Billième, j'ai trouvé un petit synclinal, non encore signalé, dans l'Hauterivien. Les dépôts de ce dernier étage ont ici un faciès tout spécial : à la base, est un calcaire à nombreux grains verts, pauvres en phosphates, surmonté par des dépôts vaseux dans lesquels j'ai rencontré de rares pholadomyes à l'état de moule; de telle sorte que j'étais assez perplexe pour en déterminer le niveau. Mais le même faciès existe à Ontex, sur le flanc oriental de l'anticlinal du mont du Chat, et ici, il est nettement intercalé entre le Valanginien et l'Urgonien; de plus, j'ai trouvé de ce côté de nombreux *Toxaster complanatus*, c'est donc bien de l'Hauterivien.

La commune d'Izieu est aussi située dans un synclinal hauterivien ; sur la feuille de Chambéry, c'est l'endroit le plus occidental où l'on trouve cet étage. A l'est de ce synclinal est l'anticlinal du signal d'Izieu. J'ai suivi ces plis, longés par deux failles, jusque vers Ambléon et j'ai retrouvé la faille ouest, bien plus au nord, vers les bois de la Morgue.

J'ai rencontré un nouveau lambeau d'Aquitanien au pied ouest du château d'Andert. Il est au sud-est des routes de Contrevoz et de Condon; c'est un poudingue à galets néocomiens et à ciment calcaire. Je n'ai trouvé aucun fossile dans ces dépôts, visibles seulement sur quelques centaines de mètres carrés.

J'ai vérifié un fait que j'avais constaté depuis plusieurs années déjà, à savoir que, sur leur bord oriental, les synclinaux tertiaires du Jura méridional dépendant de la feuille de Chambéry, sont rompus en faille de façon à mettre souvent en contact les couches du Pontien avec l'Aquitanien ou le Burdigalien. J'ai relevé à ce sujet un grand nombre de coupes : 1° sur le bord oriental du synclinal de la Croix-du-Mollard à Mouxy et à Cusy ; 2° sur le bord oriental du synclinal de Couz à la Chautagne; 3° sur le bord oriental du synclinal de Lépin-Massignieu ; 4° sur le bord oriental du synclinal de Belley à Bons. Il en résulte qu'au flanc inférieur des anticlinaux, les couches du Néocomien recouvrent par renversement les dépôts de l'Aquitanien et du Burdigalien, inclinés de l'ouest à l'est entre 30 et 40 degrés, et que les dépôts du Pontien, quelquefois horizontaux ou faiblement relevés vers l'est, butent contre eux.

Dans les quatre synclinaux cités plus haut, l'Helvétien est extrêmement pauvre en fossiles. A partir de l'est, les premiers dépôts réellement fossilifères de ce niveau, sur la feuille de Chambéry, sont entre Domessin et le Pont-de-Beauvoisin, à la boucle du Guiers, au pont, sur la route de Pont-de-Beauvoisin à Saint-Genix. En rapportant les mollasses sableuses à l'Helvétien, dans nos quatre synclinaux tertiaires, on ne peut donc apporter aucune preuve paléontologique bien sérieuse, d'où la difficulté de les séparer nettement du Burdigalien. Les mollasses sableuses sont sur le versant oriental des anticlinaux des terrains secondaires, souvent vers le milieu des vallées, et leurs strates s'inclinent progressivement de l'ouest à l'est.

A la partie supérieure, ces mollasses alternent avec des lits de galets alpins et finalement passent peu à peu à des couches saumâtres, puis d'eau douce.

Ces dernières sont formées de sable jaune ou de gros galets provenant surtout des terrains secondaires des anticlinaux de la région ; elles sont encore formées d'argile jaune, grise ou bleutée, avec amas de lignites, renfermant la faune du Pontien.

Dans le synclinal de Lépin-Massignieu, c'est le long de la faille tertiaire que se trouve le lac d'Aiguebelette ; comme le lac de Chevelu est dans celui de Chevelu-le-Haut de Billième. Ce dernier est, de plus, à la naissance de l'anticlinal de la montagne de Lierre, dont le flanc oriental a disparu, ce qui est une exception pour la région. C'est sur une partie de cet affaissement que se trouvent le lac de Chevelu et le passage de Billième au Rhône.

Bien au-dessus du niveau actuel des eaux du lac de Chevelu, au nord, vers Gerbas, on trouve du gravier, du sable, des grès, en couches horizontales, le tout surmonté par des alluvions glaciaires. Au sud du lac, à Chevelu et au delà, vers le château de La Forêt, le sable et le gravier accompagnés de bancs de gros cailloux roulés du Néocomien, sont très développés. De ce côté ils sont également recouverts par des alluvions glaciaires. Jusqu'à présent, je n'ai pu rencontrer un endroit favorable où il soit possible de voir nettement sur quoi reposent ces dépôts ; sont-ils sur du glaciaire, comme semble l'indiquer le nord du lac de Chevelu, ou sont-ils en relation avec les couches supérieures du Pontien, comme semble l'indiquer la région comprise entre le château de La Forêt et le village de Saint-Paul ? il m'est impossible de me prononcer aujourd'hui d'une façon précise.

FEUILLE DE GAP

(ENVIRONS DE GUILLESTRE)

PAR

M. W. KILIAN

Professeur à la Faculté des sciences de l'Université de Grenoble
Collaborateur principal

ET

M. HAUG

Maître de conférences à la Faculté des sciences de l'Université de Paris
Collaborateur principal.

Une tournée faite en commun nous a montré que les plis de la bordure orientale du Pelvoux se continuent au Sud-Est de Ville-Vallouise, par

Freyssinières, Champcella et Réotier en se déversant vers l'Ouest-Sud-Ouest, au point de former vers le Sud-Ouest des espèces d'écailles (près du col de Tramouillon) en avant desquelles le Flysch présente de nombreux contournements, et semble lui-même fortement plissé en synclinaux couchés vers le Sud-Ouest (charnière du sommet de Vautisse, etc., 3162 m.). Ces mêmes plis, déviés vers le Sud-Est, franchissent la Durance près du Plan-de-Phazy, toujours déversés vers l'Embrunais. Leur étude a une grande importance, car ce n'est qu'à ce faisceau et à sa continuation vers le col de Saluces-la-Condamine, le Lauzanier et l'Italie, que peuvent être rapportées *les masses de recouvrement de l'Ubaye*, les plis qui passent à l'Est de Guillestre, ceux d'Escreins, de Serenne et de la rive droite de l'Ubayette étant déversés *vers l'Italie* et n'ayant pas, par conséquent, pu fournir de lambeaux de recouvrement vers l'Ouest et le Sud-Ouest, c'est-à-dire *en arrière* d'eux.

Une ligne menée de Saint-Crépin à Montdauphin, vers Pancyron-Serenne et Larche jalonne en effet *un synclinal de part et d'autre duquel le déversement des anticlinaux a lieu en sens inverse*. Cette ligne n'est pas la continuation de l'axe, de l'éventail houiller de la Savoie, ce dernier passant par le haut de la vallée de Névache, le col de Granon, Prorel, le col des Ayes et le massif d'Arvieux, c'est-à-dire bien plus à l'Est.

Les plis est-ouest signalés sur le bord méridional du massif du Pelvoux par M. Termier jusque dans le voisinage de Dormillouse, viennent probablement s'infléchir vers le Sud-Est parallèlement aux précédents, le massif du Pelvoux se terminant en amygdaloïde, ainsi que l'a déjà montré M. Termier.

Nous avons pu, l'année dernière déjà, commencer à établir, sur plusieurs points de la feuille, des subdivisions dans la série de dépôts désignée jusqu'à présent sous le nom de *Flysch*. Ces distinctions permettent de mettre en évidence un grand nombre de dislocations.

FEUILLES DE BRIANÇON, AIGUILLES, DIGNE ET DIE
(ET REVISION DE GRENOBLE ET VIZILLE)

PAR

M. W. KILIAN
Professeur à la Faculté des sciences de l'Université de Grenoble
Collaborateur principal.

Feuille de Briançon. — Voici quelques résultats nouveaux auxquels m'ont amené mes explorations de 1897 sur cette feuille.

a) Le faisceau synclinal Galibier-Pic Termier-Ponsonnière se poursuit par l'Alpe-du-Lauzet, sur la rive gauche de la Guisane (bande liasique) jusque près du Monestier où ses éléments traversent tour à tour obliquement la vallée pour se continuer dans le massif de Prorel-Condamine et atteindre la Durance entre Villard-Saint-Pancrace et l'Argentière, puis se poursuivre au Sud-Est vers la Furfande et la Maison-du-Roi.

b) Plus à l'Est, le synclinal de la Setaz, parallèle au précédent, qui débute près de Valloire (Savoie) se continue sans interruption jusqu'à Roche-Noire non loin du col de Buffère dans le Briançonnais, sous forme d'une longue bande de terrains secondaires, au milieu du Houiller. Près des Rochilles, il est accompagné à l'Ouest d'un petit synclinal accessoire de quartzites. J'ai pu constater, en compagnie de M. Révil, qu'il présente dans son ensemble sur tout ce parcours, la composition habituelle des synclinaux de cette zone (Galibier, Grand-Aréa, etc.) : au centre, le Jurassique supérieur rouge (*Duvalia, Ellipsactinia?*) qui présente ici à sa base une brèche calcaire polygénique très curieuse, *preuve de sa transgressivité,* puis les brèches liasiques (brèche du Télégraphe) et les diverses assises du Trias, notamment les calcaires, en d'imposantes masses rocheuses ; les assises verticales des quartzites, saillant en un mur hérissé d'aiguilles, forment au synclinal une bordure continue, dominant d'habitude les grès permo-houillers de l'entourage.

c) La bande axiale de l'éventail houiller de Maurienne, bien nette dans le haut de la vallée de Névache, se continue au Sud, passe dans le voisinage des cols de Buffère et de Granon (comprenant le synclinal droit du Grand-Aréa) traverse la Guisane, coupe l'extrémité du massif de Prorel, devient isoclinale et gagne le col des Ayes pour se poursuivre par les Escoyères vers le Veyer et Ceillac, sous forme d'une bande de quartzites au milieu des calcaires du Trias et du Jurassique.

d) Quant à l'anticlinal de Rochebrune, refoulé sur les Schistes lustrés, il appartient à une bande située bien à l'Est de l'axe précédent, et comprenant également l'anticlinal de Chaberton lui aussi couché à l'Est sur les Schistes lustrés.

e) Nous avons découvert, M. Révil et moi, aux Chalets-de-Laval, en amont du Névache, plusieurs *dykes de Microdiorites* au milieu des grès houillers ; ces affleurements n'avaient pas encore été signalés sur les cartes. Un dyke analogue est en rapport avec un filon de sidérose non loin du col du Chardonnet etprésente de curieux phénomènes de cocardes.

f) Il existe des affleurements inconnus jusqu'à ce jour de calcaires lithoniques rouges à l'Ouest d'Arvieux, dans un synclinal de calcaires triasiques.

Feuille d'Aiguilles. — Mes observations ont porté sur divers points intéressants non mentionnés dans la note publiée ci-contre en collaboration avec M. Zürcher et qui ont contribué à fixer mon opinion sur diverses questions importantes, notamment sur l'âge des Schistes lustrés et sur celui des Roches vertes qui les accompagnent.

1. — En étendant mes recherches aux parties voisines des Alpes piémontaises et en particulier à la vallée du Pellice, j'ai pu m'assurer en effet que les *Schistes lustrés*, si développés dans le Queyras, vont s'appuyer vers l'Est, par l'intermédiaire de schistes serpentineux et d'intercalations éruptives de roches basiques (Villanova-Mirabouc), sur un ensemble de schistes plus ou moins cristallins, rapportés par la plupart des géologues italiens au terrain primitif (prépaléozoïque) et dont certaines assises ont été décrites comme de véritables gneiss. Ces assises ont toutes un pendage régulier vers l'Ouest comme, du reste aussi, les Schistes lustrés de la région française. En examinant de près ces « Schistes cristallins » et ces « gneiss » de la vallée du Pellice, notamment aux environs de Bobbio[1], de Torre-Pellice et de Luserna, j'ai reconnu qu'ils s'éloignent beaucoup, comme aspect, des schistes et gneiss précarbonifères de nos Alpes françaises (Belledone Mont-Blanc, etc)., du Plateau Central et des régions classiques. Ce sont des micaschistes, des quartzites phylliteux à mica blanc présentant souvent (Bobbio) l'aspect de *véritables grès* métamorphiques fort analogues à nos grès houillers, mais un peu plus cristallins et plus laminés. Les « gneiss »[2] de Luserna bien connus pour les exploitations dont ils sont l'objet et par les dalles de grandes dimensions et de très bonne qualité qu'ils fournissent, sont des *quartzites* feldspathifères laminés et micacés, identiques à ceux qui constituent, dans le Briançonnais, certaines assises du Trias inférieur ou du Permien[4].

Quant aux schistes micacés et chloriteux à Épidote, qui accompagnent ces *faux gneiss*, rien dans leur nature ne permet de les différencier des schistes métamorphiques incontestablement sédimentaires de certains massifs, comme, par exemple, de la Vanoise.

Il est à remarquer également que des anthracites ont été signalés dans ces couches par M. Maggiore, que la nature graphiteuse de certaines d'entre elles a été constatée par les géologues italiens[5], et que M. Novarese y a décrit des conglomérats dans le bassin voisin de la Germanasca.

Il résulte de ces faits que les Schistes lustrés du Queyras ont à l'Ouest comme substratum les calcaires phylliteux et dolomitiques du Trias (sous lesquels ils semblent souvent s'enfoncer par l'effet de dislocations que j'ai décrites plus haut avec M. Zürcher), alors qu'à l'Est ils vont s'appuyer sur un

---

[1] M. Zaccagna a figuré ces roches, sur sa carte, comme de *véritables gneiss*.

[2] Des préparations des tous ces types de roches sont en cours d'exécution ; leur examen n'a pu être fait assez à temps pour figurer dans le présent compte rendu. Les résultats qu'il donnera feront l'objet d'une notice spéciale en collaboration avec M. Termier.

[3] Je n'entends pas nier l'existence de roches granitoïdes véritables dans d'autres points ou bassin du Pellice, en ayant rencontré dans les alluvions du bas de la vallée, mais simplement constaté qu'en suivant la coupe naturelle que donne la vallée principale du col Lacroix à la plaine, on ne rencontre ni granite, ni aucun représentant incontestable de la série cristallophyllienne.

[4] Il est juste d'ajouter que plusieurs de nos confrères italiens, et notamment M. Franchi, considèrent cette série comme une suite de sédiments métamorphisés, mais ils lui attribuent un âge très ancien (*Serie antica inferiore* de M. Novarese).

[5] M. Novarese, Franchi, etc.

système de quartzites et de micaschistes (gneiss et micaschistes des Italiens) probablement permo-carbonifères et comprenant peut-être aussi les quartzites du Trias inférieur. La conclusion qui s'impose dès lors est de considérer les Schistes lustrés comme représentant le Trias supérieur et le Lias, surtout si l'on considère que l'on peut voir en certains points de nos Alpes (Bonneval-les-Bains, Moûtiers en Tarentaise) des assises incontestablement liasique, prendre le faciès « lustré » et la structure intime (microscopique) des schistes du « Queyras ».

Ces derniers forment, sur la limite orientale du Briançonnais et dans la partie limitrophe du Piémont, un *grand synclinal* complexe à pendage Ouest. Ils ne paraissent pas ici, comme M. Steinmann l'a montré pour les Schistes des Grisons, comprendre des sédiments tertiaires se distinguant par leur nature plus sableuse et moins calcaire.

Après avoir en 1892, avec MM. Zaccagna, Potier, M. Bertrand, etc., décrit les Schistes lustrés de la Haute-Ubaye comme antérieurs au Carbonifère[1], j'ai longtemps hésité à admettre que les conclusions auxquelles s'est arrêté en dernier lieu, et à la suite des recherches minutieuses et prolongées, M. Marcel Bertrand, s'appliquassent aux schistes du Queyras ou de la Haute-Ubaye. Il y a quelques mois encore je croyais que l'âge triasico-liasique, attribué par ce dernier aux Schistes lustrés, ne devait être admis comme certain que pour une partie des couches ainsi désignées, et j'admettais, notamment pour les types de Queyras, la possibilité d'une ancienneté plus grande.

Je me fais un devoir et un plaisir de déclarer que les résultats consignés ci-dessus m'ont définitivement rallié à la manière de voir de M. Bertrand et que *je considère comme acquise la preuve que les Schistes lustrés de la Haute-Ubaye, aussi bien que ceux du Queyras, du Mont-Genèvre, de la Maurienne et de la Tarentaise sont postérieurs au Trias inférieur et, probablement, pour une grande partie liasiques.*

Il est utile de remarquer que cette interprétation de l'âge des Schistes lustrés, tout en se rapprochant beaucoup de celle à laquelle s'était arrêté Ch. Lory, en diffère cependant profondément en ce sens que, pour ce dernier, les Schistes lustrés étaient triasiques, étant considérés comme *plus anciens* que les calcaires magnésiens de Rochebrune, Château-Queyras et Briançon, qu'il mettait dans le Lias, tandis que, dans notre manière de voir, les Schistes lustrés *sont plus récents* que les calcaires mentionnés plus haut, ces derniers devant incontestablement, ainsi qu'une grande partie des calcaires du Briançonnais, être attribués au Trias.

II. — L'étude détaillée des massifs de *roches éruptives basiques* qui se recontrent sur la feuille Aiguilles, m'a fourni également une série de faits curieux qui peuvent se résumer comme suit :

---

[1] Prépaléozoïques pour M. Zaccagna et seulement précarbonifères pour M. Franchi. — M. Novarese admet la possibilité de trouver des fossiles dans les lentilles calcaires intercalées dans les calcschistes (schistes lustrés) de la vallée du Pellice. M. Franchi, dans ses dernières publications, se rapproche beaucoup des idées de M. Bertrand et des nôtres.

a) Les gabbros qui constituent ici des masses énormes (mont Pelvas ou Paravas), traversés de filonnets d'albite et d'épidote avec zoïzite rose[1], sont intimement liés aux serpentines dont il est souvent impossible de les séparer sur la carte. Aux gabbros sont associés en outre des Variolites, des Diabases des Ophites et des schistes serpentineux (Bric-d'Urine ou Pelvas, Bric-Bouchet, col de Péas, etc.).

b) Plusieurs des massifs de roches éruptives du Queyras ont une *structure* nettement *anticlinale* que le laminage de la roche éruptive rend très visible; ce fait est particulièrement net dans la crête qui court de la Brèche-Bouchet au col de Malaure et qui présente plusieurs plis isoclinaux de roches vertes au milieu des schistes lustrés (fig. 1).

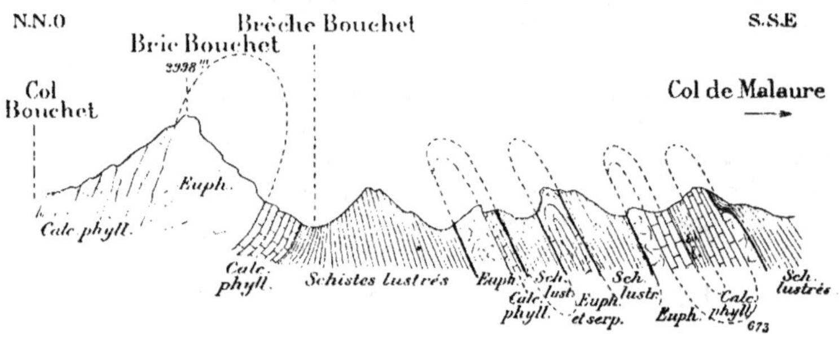

Fig. 1. — Coupe relevée au nord d'Abriès (Hautes-Alpes).

c) La plupart de ces massifs et notamment ceux dont la disposition anticlinale est visible, sont séparés des schistes lustrés environnantes par une assise plus ou moins épaisse (3 à 20 mètres) de *marbre phylliteux* (Pelvas, Bric-Bouchet, Taillante), qui est, ainsi que l'avait déjà remarqué Ch. Lory, entre le col Vieux et la Chalp, fréquemment coupée d'intercalations et de filonnets de roches vertes.

De ces observations ainsi que de celles que j'ai faites au Mont-Genèvre (v. *Comptes rendus de l'Académie des sciences*, séance du 5 juillet 1897), on peut (conclure :

a) Que les roches basiques du Briançonnais sont *interstratifiées dans le Trias* et ont été injectées dans certains bancs des calcaires phylliteux ;

b) Que ces roches étaient consolidées lorsqu'ont eu lieu les mouvements alpins, qui ont plissé les nappes éruptives au même titre que les couches sédimentaires.

On voit que ces faits sont très favorables à l'opinion des géologues qui considèrent comme provenant d'une venue triasique les roches vertes du massif du Mont-Genèvre et du Queyras; mais ils pourraient toutefois se concilier sans grandes difficultés avec l'hypothèse de M. Steinmann (*Geologische Beo-*

---

[1] Déterminée par M. Termier.

bachtungen in den Alpen. Ber. der Naturgesellschaft zu Freiburg i. B.,
vol. X, n° 1897) qui a récemment émis l'idée que les éruptions semblables des
Grisons dataient de l'époque éocène. Il faudrait voir, dans ce dernier cas,
dans les couches d'euphotide interstratifiées, des nappes d'intrusion.

*Ce que l'on peut affirmer avec certitude, c'est que ces roches ne sont ni anté-
rieures au Trias moyen, ni postérieures au principal plissement alpin.*

Feuille de Digne. — Une dernière revision de cette feuille m'a fourni,
outre de nombreuses rectifications de contours, quelques faits nouveaux
parmi lesquelles il est intéressant de signaler les suivants :

a) La bordure de « l'Écaille » (pli-faille inverse) refoulée, près de
Saint-Geniez, sur les plis du système de Lure, se complique vers Mélan, de
l'apparition, le long de la surface de glissement et *sous* la bande triasique qui
forme le noyau étiré de l'Écaille (ou anticlinal rompu et refoulé vers l'Ouest)
d'une partie du flanc inverse composé de marnes oxfordiennes et de tertiaires (v. fig. 2). Ces derniers dépôts (mollasse rouge aquitanienne) forment là une

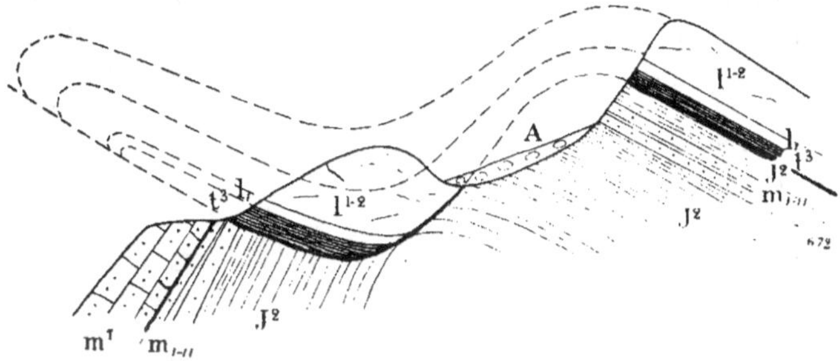

Fig. 2. — Coupe relevée au nord de Mélan (Basses-Alpes)

bande très étroite continuant vers l'Ouest le synclinal étudié par M. Haug au
dessus d'Ainac et attestent la transgressivité de cette formation sur un substratum déjà fortement plissé. Une autre complication de cette bordure est due
à l'existence, en avant de la bande oxfordienne, d'un vaste lambeau formé de
Trias, de Rhétien à *Avicula contorta* et de Lias calcaire ; ce *paquet* représente
un morceau du flanc normal, refoulé plus avant que la masse de l'Écaille.

b) L'âge aquitanien, des terrains rutilants qui existent à l'Est de Saint-Estève
a été déterminé par la constatation de leur continuité avec la « mollasse rouge »
de Lambert et de l'existence d'une importante *ligne de discontinuité* entre cette
bande et les couches pontiques de Saint-Estève, également rougeâtres. Cette
ligne de discontinuité qui met en contact des bancs pontiques dirigés est-
ouest avec des assises aquitaniennes de direction nord-sud, c'est-à-dire *perpendiculaires aux précédentes* limites vers l'Ouest, le flanc inverse étiré du pli-
faille Tanaron-Thoard-Digne, ici refoulé sur le bassin miocène de Champtercier
et le long duquel nous avons, M. Zürcher et moi, découvert un nouveau lam-

beau bajocien fossilifère (*Park. Parkinsoni*, *Phyll. mediterraneum*, etc.) entre Saint-Estève et Thoard.

b) A Valernes, l'existence des diverses *terrasses fluvio-glaciaires* se manifeste d'une façon particulièrement nette en montant du pont de la Sasse au village. La Haute terrasse est recouverte au Nord-Est de Valernes par les *Moraines externes* à blocs d'origine briançonnaise (calcaire de Guillestre, etc.). Cette Haute terrasse se retrouve, sans couverture glaciaire, plus en aval à Sarrebosc sur la rive gauche de la Durance, non loin de Sisteron et domine ici la Basse terrasse de la Beaume.

c) J'ai étudié entre Montfort et Saint-Donat un intéressant bombement en forme de brachyanticlinal (Voir *Bulletin Soc. géol. de France*, 3ᵉ série, t. XXV) dont l'allure et la direction ont une certaine importance pour le raccord des plis est-ouest du système Ventoux-Lure avec les plis alpins proprement dits.

d) J'ai découvert, à côté du dôme oxfordien signalé, l'an dernier au Nord-Est d'Allot, près de Bouchier, un petit *bombement secondaire* à noyau également oxfordien et légèrement asymétrique.

e) Le synclinal de Cordocil au Sud de Thorame, continuation probable du pli de Côte-Longue et faisant partie du système isoclinal du Cheval-Blanc-Faillefeu, est très dissymétrique ; son flanc nord-est est fortement redressé, tandis que le flanc ouest est à peine incliné. On y distingue aisément plusieurs subdivisions du Nummulitique qui débute par des conglomérat près d'Argens et se termine par une assise de marnes grises (e^{3c}).

Feuille de Die. — Les explorations exécutées pour achever le levé de cette feuille me permettent de consigner les observations suivantes :

1° Au Nord de Saillans, dans les environs de Véronne, la série néocomienne offre une épaisseur remarquable, et s'appuie normalement sur les calcaires tithoniques, qui constituent plusieurs anticlinaux nord-sud dissymétriques et à flanc oriental faillé, entre ces deux localités.

La nature particulièrement calcaire du Valanginien, du reste très pauvre en fossiles, et le développement marneux du Barrémien inférieur sont à remarquer et donnent un caractère spécial à cette succession en la différenciant de celle qu'on observe un peu plus à l'Est dans les environs de Die. Toutes ces assises sont inclinées vers l'Ouest.

2° L'étude particulièrement attentive de la région située entre Serres, Veynes, Barcillonnette et le Plan-de-Vitrolles, me permet d'en résumer la structure comme suit :

L'extrémité N.-O. de « l'Écaille » du plan de Vitrolles, suite de l'accident Faucon-Rousset, décrit par M. Haug, que nous avons explorée en compagnie de M. P. Lory amène encore le Trias en superposition sur l'Oxfordien au Sud-Est de Barcillonnette ; puis cet accident s'atténue de plus en plus et disparaît près de Barcillonnette, après s'être encore manifesté par un refoulement de l'Oxfordien sur le Rauracien (J^3), derrière le village.

Au Nord de ce point, il n'existe plus trace de discontinuité et l'on se trouve dans le centre d'un anticlinal normal à noyau de schistes calloviens.

Entre Barcillonnette et le Saix apparaissent une série de petits *dômes*, (Clausonne, Villauret, etc.) très réguliers, dont le centre est occupé par les marnes oxfordiennes ; ce curieux *régime de petits dômes* disparaît à l'Ouest et les couches se relèvent pour former la longue crête tithonique d'Aujour interrompue, près de la ferme de ce nom, par une *ligne de discontinuité* (étirement) est-ouest. Ce dernier accident la sépare du synclinal nord-ouest-sud-est de Peyssier dont la bordure tithonique relaye la crête d'Aujour qu'elle semble continuer, se poursuivant au Sud-Est en une crête calcaire jusque près des Sauvas. Le Tithonique est là, ployé en un synclinal où se trouve conservée la série des couches crétacées (Barrémien pyriteux, etc.) jusqu'aux grès albiens à *Terebr. Dutemplei* de Peyssier.

Au Sud-Ouest de la crête d'Aujour (Savournon) et dominée par elle, s'étend une région anticlinale occupée par l'Oxfordien et le Callovien ; j'ai constaté là les vestiges d'un synclinal (rochers du château de Savournon avec Malm et Berriasien ployés en V. Ce pli est très probablement la suite du synclinal de Peyssier et se poursuit au Nord-Ouest jusqu'au Buech, à l'Ouest de la Bâtie-Montsaléon, sous la forme d'une bande argovienne. Un autre synclinal, qui se rattache peut-être à celui-ci, se continue au Nord-Ouest jusque près du col de Cabre (Les Fraches) dans le flanc oriental des pentes situées à l'Ouest de Saint-Pierre-d'Argenson où il ne se traduit plus que par une bande de calcaires séquaniens, plus ou moins interrompue (bois de Larra, des Franges, etc.). Plus au Sud-Ouest encore vient le synclinal de Serres dont M. Paquier a étudié la continuation vers l'Ouest.

La région dont nous venons de parler est remarquable en ce qu'elle montre d'une part la fin de l'accident de Vitrolles, greffé pour ainsi dire sur le régime des dômes et brachyanticlinaux du Sud de Veynes et de l'autre, au voisinage de la ligne de discontinuité d'Aujour, le raccord des plis est-ouest de la Drôme (syncl. de Serres) qui s'infléchissent vers le Sud-Est (plis de Savournon-Peyssier), aussi bien avec les plis alpins (accident de Vitrolles) qu'avec la région des dômes.

J'ai parlé l'an dernier des terrasses des environs de Veynes ; je n'ajouterai aux détails donnés que le fait de la présence de dépôts morainiques à la surface des cailloutis pliocènes (Deckenschotter), au dessus de la gare de Veynes.

3° En amont de Veynes, près de Roche-des-Arnauds, j'ai observé, en compagnie de M. David Martin, des dépôts d'alluvions inclinées *sous* les amas morainiques anciens (moraines externes). Ces dépôts représentent un cône de déjection antérieur à la première glaciation.

4° Les environs de la Beaume-des-Arnauds m'ont révélé des dislocations très curieuses au point de vue de l'*incurvation des plis et de la naissance des écailles de refoulement*. Le pli anticlinal est ouest de la Rochette, près Saint-Julien-en-Beauchêne, étudié par M. P. Lory jusqu'à peu de distance au Sud-Est de Montbrand, s'accentue près du col de Montbrand et se rapproche de l'anticlinal nord-ouest sud-est Aspremont-la Beaume en même temps qu'il se complique d'un petit anticlinal secondaire. Le *faisceau* ainsi formé ne tarde pas à se resserrer ; les anticlinaux se rapprochent et sont bien dessinés par les replis des couches dans la gorge même de la Beaume (fig. 3) ; puis le faisceau s'incurve vers le Nord-Ouest en s'étirant le long d'une ligne de dis-

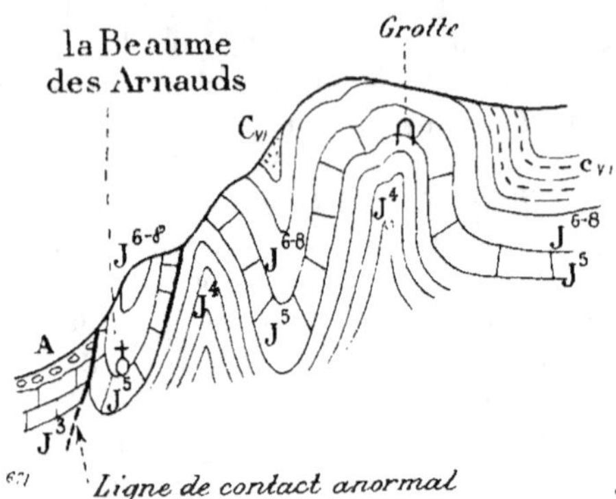

Fig. 3. — Disposition des coupes à la Beaume-des-Arnauds.

continuité qui le sépare là de l'Oxfordien du col de Cabre contre lequel viennent butter plusieurs fois les divers termes jurassiques et même le Berriasien. Cette *ligne de discontinuité* devient bientôt nord-est (près du col de Gaud) où elle est relayée par une autre faille qui prend naissance à côté et devient plus au Nord, d'après M. Paquier, le bord d'une grande « écaille » (plifaille inverse) refoulée vers l'Ouest.

Dans le voisinage de ce point, j'ai étudié une autre ligne de discontinuité dirigée à peu près Est-Ouest (la faille de Beaurières) dont la signification est toute différente (V. le rapport de M. V. Paquier).

Feuille de Grenoble et de Vizille (révision). — Les faits nouveaux résultants des tournées de revision continuées en 1887 sur divers points des feuilles Grenoble et Vizille sont les suivants :

A. *Pliocène supérieur*. — Existence de cailloutis de quarzites rubéfiés en divers points de la montagne de Ratz, près de Voreppe, à un niveau de 650 mètres plus élevé que celui de l'Isère actuelle. Des galets de quartzites patinés, identiques aux précédents, se rencontrent également épars à la surface du sol entre la Tour-sans-Venin et Saint-Nizier.

B. *Pléistocène*.

a) Présence à la montagne du Ratz — sur le replat gazonné qui sépare au dessus de la Buisse, les balmes inférieures de la crête urgonienne — d'alluvions anciennes d'une des *hautes terrasses* de l'Isère.

b) Existence d'alluvions inclinées (formation de delta) d'origine lointaine près de Vaulnaveys dans la *vallée « morte »* d'Uriage.

Cette remarquable dépression qui court de Vizille à Gières et qui est aujour-
d'hui occupée par deux ruisseaux peu importants coulant en *sens inverse*, à
partir de la tuilerie d'Uriage, doit son tronçonnement à un cône de déjection
qui est venu l'obstruer à Vaulnaveys à une époque relativement récente et a
déterminé le partage des eaux. Les alluvions anciennes d'origine alpine, qui
se rencontrent jusqu'à 150 mètres au dessus du fond actuel de cette vallée,
et la jalonnent de Vizille à Gières, montrent avec évidence qu'elle a été creusée par un *cours d'eau important* (l'ancienne Romanche), qui aujourd'hui s'est
frayé un autre passage et rejoint le Drac près de Jarrie.

Les alluvions inclinées de Vaulnaveys, avec leur allure de delta, indiquent
que la dépression d'Uriage a passé également par une *phase lacustre*, dont les
recherches ultérieures préciseront la date.

c) Existence d'alluvions anciennes *inclinées* à matériaux *alpins* près de
Saint-Étienne-de-Crossey et de Saint-Laurent-du-Pont. Leur signification est
à étudier.

d) Présence sur les hauteurs de Seyssinet dans le voisinage de la Tour-
sans-Venin de lambeaux d'alluvions anciennes à l'altitude de 150 mètres au
dessus du fond de la vallée.

e) J'ai reconnu également une *série de terrasses* dans les bassins du Drac
et de l'Ebron aux environs de Clelles et de Roissard ; la plus élevée d'entre elles,
bien visible à Lavars, forme une série de plateaux très réguliers (Villard-
Julien) à 250 mètres au dessus de l'Ebron et du Drac et *recouvre* des dépôts
glaciaires bien caractérisés.

Ces alluvions sont, en effet, accompagnées d'immenses nappes de dépôts
glaciaires d'origine alpine et contiennent des galets également alpins. Une
étude de détail montrera que la région de Trièves, aujourd'hui coupée de
cours d'eau profondément encaissés, a été, à l'époque pléistocène, le théâtre de
plusieurs invasions glaciaires, suivies de la formation de vastes nappes alluviales.

Il est d'ores et déjà possible d'affirmer que la topographie du bassin du
Drac a subi depuis de profonds changements ; les lambeaux de terrasses indiquent nettement un ancien écoulement des matériaux fluvio-glaciaires par
le Monestier de Clermont et Vif (alluvions alpines inclinées, près de cette localité) d'une part, et un autre (*moins ancien* probablement) par Avignonnet et
Notre-Dame-de-Commiers.

FEUILLES AIGUILLES ET BRIANÇON

(NOUVELLES OBSERVATIONS SUR LES SCHISTES LUSTRÉS)

PAR

M. KILIAN

Professeur à la Faculté des sciences de l'Université de Grenoble
Collaborateur principal

ET

M. ZÜRCHER

Ingénieur en chef des Ponts et Chaussées
Collaborateur adjoint.

Les observations faites en 1897 sur les feuilles d'Aiguilles et de Briançon et leurs abords immédiats nous permettent d'apporter quelques observations nouvelles relativement à la position stratigraphique des *Schistes lustrés* et de corroborer les conclusions du M. M. Bertrand qui tendent à fixer cette position *au-dessus* d'une partie au moins des couches triasiques.

I. *Environs de Château-Queyras* (fig. 1). — Le monticule pittoresque qui supporte le fort de Château-Queyras, déjà signalé par M. M. Bertrand comme un pointement en dôme, et sur la nature anticlinale duquel l'une de nous avait fait de sérieuses réserves, a pu être reconnu de la façon la plus nette comme possédant cette allure. Le Guil coupe ce petit massif dans une cluse étroite à l'entrée de laquelle un pont en maçonnerie franchit le cours d'eau : sur les deux flancs de cette cluse le contact des Schistes lustrés et des calcaires triasiques peut être observé avec une grande netteté, et on peut constater que les calcaires plongent très régulièrement sous les schistes avec un pendage de 50° environ vers l'Est.

Si, après avoir franchi ce petit pont et s'être élevé un peu, on prend à droite un chemin qui suit la base du flanc sud du monticule, on peut encore là toucher du doigt un contact très net entre les calcaires et les schistes, et reconnaître que les calcaires occupent une position inférieure ; le pendage est un peu plus accentué que près du pont, 60° environ, et les couches sont inclinées vers le Sud-Ouest, ayant déjà ainsi tourné à peu près de 130° depuis le point où la pente était vers l'Est.

Les calcaires triasiques forment, à l'Ouest de Château-Queyras, une éminence qui porte le nom de rocher de l'Ange-Gardien ; la route passe dans un petit col aux abords de cette hauteur, et on peut voir là très nettement dans les couches des calcaires une *disposition anticlinale* ; le centre de cet anticlinal est d'ailleurs marqué, le long de la montée, par un petit affleurement de

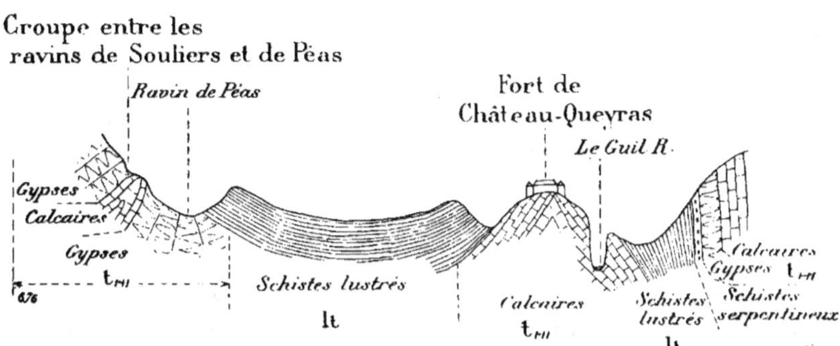

Fig. 1. — Coupe des environs de Château-Queyras (Hautes-Alpes).

quartzites ; là des gypses et des cargneules sont immédiatement superposés aux calcaires et, par suite, le contact ne peut pas être observé comme à Château-Queyras, mais le fait que le rocher de l'Ange-Gardien est un anticlinal permet de supposer à bon droit que les Schistes lustrés que l'on rencontre

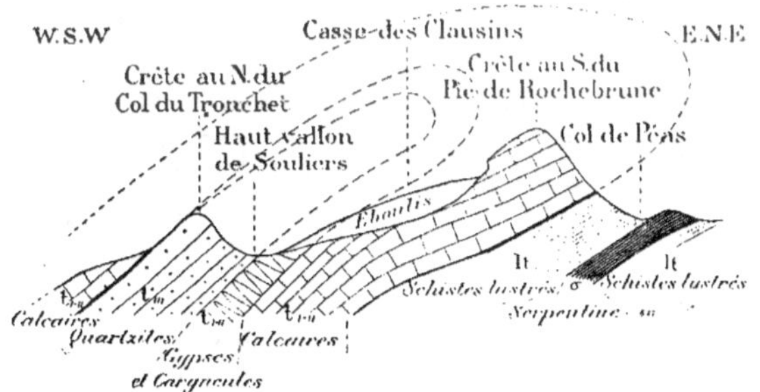

Fig. 2. — Coupe relevée au nord de Château-Queyras (Hautes-Alpes).

vers l'Est sont superposés aux gypses et par suite *a fortiori* supérieurs aux calcaires.

Enfin la même impression se dégage de l'étude de la coupe qu'on peut observer en remontant, à partir de Château-Queyras, le vallon de Souliers jusqu'à son confluent avec le col de Péas : sauf des accidents qui paraissent bien locaux, le pendage des schistes est dirigé vers le Nord en aval ; les couches deviennent ensuite successivement horizontales pour se relever un peu plus loin avec une pente générale vers le Sud. Le chaînon divisant les deux affluents est surtout formé par des gypses, mais un anticlinal très accentué de calcaires fait visiblement saillie à une faible hauteur.

Plus au Nord, du reste, la nature anticlinale de ces affleurements calcaires est mise en évidence par l'apparition d'une masse de *quartzites* près du col du Tronchet (ces quartzites sont blancs et pulvérulents et peuvent être pris de loin pour des gypses), au milieu des calcaires et des cargneules. Cette masse constitue évidemment le noyau du pli, couché vers l'Est, de Rochebrune (voir plus bas).

Au Sud de Château-Queyras la montagne du Sommet-Bucher montre également, dans la partie qui regarde le Guil, les calcaires plongeant et disparaissant vers l'Est sous les Schistes lustrés, tandis qu'un peu plus au midi on voit ces mêmes calcaires refoulés vers l'Est sur les schistes au dessus de la chapelle de Saint-Simon.

II. *Haute-Cerveyrette.* — En remontant le Cerveyrette à partir de Cervières, on traverse d'abord une cluse creusée dans les calcaires triasiques où le chemin s'élève rapidement pour arriver, à partir du voisinage du hameau de Lachau, à rester presque horizontal jusqu'après le Bourget.

A l'origine de cette partie horizontale, on peut voir, au Sud du point coté 1865, les couches du calcaire triasique dessiner un mouvement des plus remarquables : d'abord inclinées vers le Nord-Est et formant ainsi la retombée d'un anticlinal orienté N.-O.-S.-E., elles se relèvent ensuite en dessinant un fond de bateau très net (montagne de Lasseron) et montrent le passage de cette retombée normale à un pli-faille, puis à une faille inverse, mettant ainsi graduellement une *superposition anormale*, à mesure qu'on s'avance vers le Sud-Est, les Schistes lustrés *sous* les calcaires phylliteux (en face le Bourget), puis les calcaires compacts, et formant ainsi une liaison des plus rationnelles entre la région du Gondran, où les Schistes lustrés sont dans un synclinal calcaire, et le flanc nord-est de la chaîne Lasseron-Rochebrune, où la ligne de superposition anormale peut être suivie sans interruption de la façon la plus nette, et où l'on peut l'observer de près en plusieurs points, notamment près du col de Péas, où ses caractères sont aussi nettement que possible ceux de l'affleurement d'une surface de glissement (fig. 2).

Nos observations de la région de Château-Queyras, relatées plus haut, permettent d'ailleurs d'observer le relèvement partiel de ce pli-faille, qui se continue par l'anticlinal du col du Tronchet, vallon de Souliers et aboutit finalement au rocher de l'Ange-Gardien où apparaît son noyau de quartzites.

Si l'on voulait d'ailleurs admettre que la succession du flanc oriental de Rochebrune est normale, et que les Schistes lustrés sont réellement inférieurs aux calcaires sous lesquels ils plongent sur ce long parcours, il faudrait expliquer l'ensemble de faits suivants :

1. Pourquoi ne voit-on nulle part entre les calcaires et les Schistes lustrés les quartzites triasiques qui cependant forment l'Ange-Gardien, au col du Tronchet et en d'autres points très rapprochés du substratum, très net des calcaires, gypses et cargneules triasiques? Il serait étrange que cette masse si résistante ait constamment disparu par étirement entre les calcaires et les schistes.

2. Comment le dôme calcaire de Château-Queyras se trouverait-il entouré de toutes parts par les Schistes lustrés qu'il *perce* nettement? Si ces derniers sont plus anciens, il faut avoir recours, pour expliquer leur présence, à des dislocations invraisemblables : le dôme de Château-Queyras ne pourrait être alors qu'un « faux dôme », une cuvette synclinale retournée et renversée.

Ajoutons, en outre, que les recherches de détail faites cette année par l'un de nous dans la région du Mont-Genèvre; dans les environs d'Abriès, et sur le versant piémontais des Alpes (vallée du Pellice) conduisent nécessairement à considérer les Schistes lustrés comme d'âge au moins triasique.

FEUILLES DE DIE, GAP ET VIZILLE

PAR

M. P. LORY

Sous-directeur du Laboratoire de géologie de la Faculté des sciences de l'Université de Grenoble
Collaborateur adjoint.

Feuille de Die. — Pendant la dernière campagne j'ai achevé les levés dans la partie orientale de cette feuille : cirque de Tréminis, Bochaine occidental, Céüze, bassin de Barcillonnette, etc.

STRATIGRAPHIE : *Jurassique*. — J'ai signalé déjà l'infra-lias fossilifère qui recouvre le Trias dolomitique et gypseux de Vitrolles; on y remarque, au dessus de la lumachelle à *Avicula contorta*, des quartzites associés à un calcaire siliceux.

Le Séquanien (J4) et le Kiméridien (J5) présentent, suivant les points, deux faciès un peu différents. Dans l'un deux barres de calcaires clairs, dont les supérieurs tachetés de rose, sont séparées par une assise à demi marneuse déterminant une ligne de combes; avec *Perisphinctes* on y trouve en assez grande abondance, surtout vers la base des calcaires supérieurs, *Neumayria* et *Aspidoceras*; j'y ai recueilli aussi *Am. cyclodorsatus* Moesch : l'analogie avec Crussol est frappante. Dans l'autre, *Neumayria* et *Aspidoceras* sont rares, *Perisphinctes* prédomine absolument; les calcaires ont une teinte sombre, ceux du J4 sont plus ou moins marneux, au point d'arriver dans le sud-est (Barcillonnette-Céüze) à ne plus former barre. Il y avait donc à cette époque dans le géosynclinal deux zones légèrement différenciées : celle du second faciès comprenait notamment l'est et le sud de ma région et (V. Paquier, *Compte rendu*, 1894) le nord de la feuille le Buis ; tandis que le Bochaine formait la terminaison sud-est d'une bande qui probablement rejoignait les environs de Grenoble, où M. Paquier a mis en lumière l'existence de ce même faciès de Crussol.

Crétacé. — J'ai pu préciser les variations de faciès que présente le Crétacé inférieur et, par exemple, reconnaître d'une façon certaine que la plus grande partie des calcaires *suburgoniens* de la région au nord du Petit-Buëch appartient au Barrémien ; c'est aussi dans cet étage que se montrent encore au sud de cette rivière de minces intercalations à débris, parfois remplies de Bélemnites. L'Aptien inférieur est partout très mince.

Au Dresq, près de Saint-Julien-en-Bochaine, les marnes noires feuilletées contiennent un riche gisement du gault inférieur à *Hoplites tardefurcatus* Leym, *Acanthoceras Milleti* d'Orb, : c'est un des niveaux signalés par M. Paquier vers Rozans.

Malgré mes recherches prolongées, je ne possède encore aucun fossile déterminable et caractéristique des premières assises du Crétacé supérieur. Mais les faits stratigraphiques sont assez nets, car j'ai observé çà et là : la continuité entre les calcaires blancs et les marno-calcaires cénomaniens (Rioufroid, Glaise, etc.), entre les marno-calcaires noirâtres et les calcaires blancs (Serre-Jaille, Lachau, etc.), entre les calcaires lités non marneux et les marno-calcaires (Serre-Jaille, sud-ouest de Lus, etc.); et d'autre part la discordance, sur les divers termes plus anciens, des calcaires blancs (Lachau, Furmeyer, etc.), des marno-calcaires (Rioufroid, Pied-de-Veynes, etc.), des calcaires lités (nord et sud-est du Dévoluy, etc.). Il faut en conclure, comme je l'avais dit déjà, que la mer n'a jamais abandonné la région toute entière pendant la phase orogénique anté-campanienne et, en outre, que celle-ci se décompose en une succession de mouvements non exactement superposés.

La crête Obiou-Ferrand débute, sur le Crétacé inférieur, par des calcaires zonés probablement campaniens déjà, enchevêtrés à leur base vers le col de la Croix avec des calcaires à débris (Echinodermes et Brachiopodes) presque semblables à ceux de l'Urgonien : je ne crois pas que l'on eût encore signalé ce faciès, du moins aussi typique, dans le Sénonien des Alpes françaises.

Tertiaire. — Une petite couche de lignite est intercalée entre les conglomérats et les calcaires nummulitiques en amont de Saint-Disdier.

J'ai observé une légère discordance angulaire des grès oligocènes sur le Nummulitique au Mas de Saint-Disdier : c'est une trace nette des mouvements post-nummulitiques.

Tectonique. — Les étirements au pourtour des brachyanticlinaux et dômes anciens, se traduisant par des disparitions d'assises, sont très fréquents. Ils témoignent que, si les forces orogéniques en jeu dans ce bossellement n'ont eu qu'une faible action directrice, elles n'en ont pas moins été intenses. L'étirement porte avec une fréquence spéciale sur les premières assises calcaires placées au dessous des masses marno-calcaires du Néocomien, savoir le Berriasien inférieur et le Tithonique : Montbrand, Boudelle, le Drouzet, etc.

Une expansion latérale du Jocon, coupée en discordance par la bordure du bassin de Lus, fournit une preuve de l'ébauche antésénonienne de ce brachyanticlinal, auquel se rattachent encore les importantes digitations de Neuvillard et de Beaumugne.

Un anticlinal de la phase antéoligocène existait à l'est d'Agnielles; car, de deux synclinaux adjacents de mollasse rouge, l'un (Serre-Jaille) repose en subconcordance sur le Sénonien supérieur, l'autre en discordance sur le Turonien et l'Aptien.

Des lambeaux sénoniens traînent sur la base du Crétacé, très en contre-bas du pied de la crète Obiou-Ferrand, au col de la Croix et au dessus de la brèche de Châtel : l'aire synclinale du Dévoluy est donc limitée au nord-ouest par une rapide retombée anticlinale.

Une importante faille inverse (pli-faille) naît dans la montagne qui domine au sud le col de Grimone et coupe presque transversalement le flanc ouest du brachyanticlinal du Jocon. Déjà au nord du col de Lus, elle refoule le Jurassique (J^{3-4}) sur le Crétacé inférieur. A partir du col, elle continue sur le versant du Diois, où M. Paquier l'avait d'abord observée.

Les deux accidents qui délimitent les « écailles » de l'Avance et du Gapençais (M. Haug) ne se prolongent pas bien longtemps au nord de la Durance. Celui de Vitrolles se termine au torrent de Rousserand par une fracture transversale; au delà le même effort a simplement accentué la courbure du brachyanticlinal ancien d'Esparron. L'accident de la Saulce dégénère en un pli très déversé qui bientôt se termine, dès avant le col de Foureyssace; on peut dire qu'il est relayé, mais seulement à 3 kilomètres d'intervalle, par l'anticlinal déversé du Désert.

Feuille de Vizille. — J'ai poursuivi mes explorations dans le massif de la Mure. Les principaux résultats stratigraphiques en ont été indiqués à la Société géologique (*C. R.*, 14 juin 1897) : contrairement à ce que l'on croyait, le Trias existe presque partout, à la base des terrains secondaires, et c'est à lui qu'appartient le poudingue-brèche dit *gratte*; près de Laffrey il est raviné par le Lias moyen.

Ce massif de la Mure se rattache, comme on sait, a la bordure externe de Belledonne, mais constitue un dôme complexe assez individualisé ; sa surrection entre Notre-Dame-de-Vaux et le lac Petit-Chel (cf. Termier, *Rousses*, p. 114) s'accompagne d'une faille d'étirement et de torsion, qui met le Trias en contact avec le sommet du Lias.

Quaternaire. — J'ai reconnu en 1896 l'existence de deux anciennes terrasses du Drac entre Mens et le cours actuel de cette rivière, l'une formant à 830 mètres le plateau de Saint-Jean-d'Hérans, l'autre recouverte vers 680 mètres par le glaciaire le plus développé dans la région : il s'étend sur une bonne partie du fond du Trièves et y est presque exclusivement formé d'argiles à apparence stratifiée. Cette terrasse ancienne de Ch. Lory (Avignonnet, Savel, Pont-Haut) me paraît bien correspondre seulement aux alluvions inférieures de Corps et de Pellafol ; elles sont recouvertes dans cette dernière localité par des argiles et graviers à cailloux striés (glaciaire) et ceux-ci à leur tour par la terrasse des alluvions supérieures, relativement récente, qui devait être en continuité avec celle de Saint-Jean-d'Hérans. Ch. Lory avait bien reconnu (*Dauphiné*, p. 646) que cette terrasse de Saint-Jean reposait sur le glaciaire argileux ; mais il ne la regardait pas comme formée de véritables alluvions fluviatiles. Dans l'une et l'autre localité abondent à la surface les blocs d'un glaciaire supérieur.

Feuille de Gap : *Massif de Chaillol.* — J'ai observé au Clot-Lamiande un lit de grès grossier dans les marno-calcaires du Nummulitique supérieur, en général purement vaseux : toutes les assises nummulitiques présentent donc des intercalations détritiques.

La complication de l'écaille de Soleil-Biau est fort grande et le traînage, intense, s'accompagne de replis nombreux au Clot-Lamiande. Cet accident paraît se terminer transversalement au dessus de la Coche par un empilement de plis courts environ nord-sud.

Tectonique générale et rapports avec les régions voisines. — Il est difficile de donner une idée générale de la tectonique de la région que j'étudie, à cause des âges divers des éléments qu'il s'agit de grouper.

Cette région succède suivant le méridien au bord subalpin et à la partie externe de la première zone alpine. L'anticlinal du premier et l'aire anticlinale ouest de la seconde (la Mure) se terminent, comme on sait, en plongeant dans le Trièves. Ce bassin, d'ailleurs incomplètement fermé, est limité à l'est par l'aire anticlinale, partie plissée, partie bosselée, de Corps-Aspres-Beaufin, où se terminent (M. Termier) les plis principaux de Belledonne et le bord occidental des Rousses.

Le bombement de Beaufin s'enfonce sous l'angle nord-est de l'élément le plus important de la région, la grande aire synclinale tertiaire du *Dévoluy* (s. s.), bosselée et plissée, qui se prolonge rétrécie vers le sud jusqu'à la Petite-

Céüze à travers la cuvette de Montmaur, point tectoniquement le plus déprimé du pays.

Un élément analogue, l'aire Lus-Serre-Jaille, avec son appendice de Durbonas, va de l'angle sud-ouest du Trièves jusque vers cette cuvette.

Ces deux zones sont les seules (à l'exception de rares petits lambeaux) où se rencontre le Crétacé supérieur. Elles sont séparées par l'aire anticlinale érodée du Roc-de-Corps et de Tréminis, toute bosselée de dômes et brachyanticlinaux anténoniens.

A l'ouest, encore au fond du Trièves, naît le grand brachyanticlinal Jocon-Quigouret, à allongement nord-sud, qui émet d'importantes digitations transversales vers l'est (Bochaine) comme vers l'ouest (Diois). L'aire synclinale est-ouest Montbrand-le-Pilhon appartient aussi aux deux régions, mais les observations de M. Paquier montrent que celles-ci sont nettement séparées par la grande fracture récente nord-sud du col de Lus, qui coupe les accidents anciennements ébauchés et refoule le Bochaine sur le Diois.

L'accident de la Beaume-des-Arnauds (M. Kilian) relaie cette faille, se complique de plis et va se terminer ouest-est dans le bord septentrional de la vaste aire anticlinale de Veynes, où confluent les Buëch. Celle-ci borde au sud tout le Bochaine et, en particulier, encadre, avec son appendice l'anticlinal anténonien de la Rochette, la cuvette de la Faurie. Sa partie orientale, hachée par les pli-failles récents de Veynes (environ nord-nord-ouest à sud-sud-est) va s'enfoncer sous l'aire synclinale de la Petite-Céüze. Une rainure à l'est, à l'ouest l'aire synclinale de Clausonne, bosselée de dômes (M. Kilian), la séparent du brachyanticlinal de la Déoules, ancien lui aussi.

La frontière sud et sud-est de la région est formée par la grande aire anticlinale du Gapençais, découpée en écailles (M. Haug) par les failles inverses du Plan-de-Vitrolles (qui la limite au sud-ouest et au sud) et de la Saulce. Elle émet vers le nord trois digitations : le bombement de la Déoules, où se termine le premier accident ; celui de Sigoyer, qui encadre avec le précédent la Petite-Céüze et se prolonge par l'anticlinal déversé du Désert et des Sauvas (relaiement du second accident) jusqu'à la Cluse, séparant du Dévoluy son prolongement sud-ouest ; celui de la Roche-des-Arnauds, qui touche cet anticlinal après avoir entouré avec lui la cuvette de la Grande-Céüze. Enfin, l'anticlinal de Charance est aussi une dépendance du Gapençais; il va se terminer contre l'angle sud-est du Dévoluy.

Le Bas-Champsaur est un palier entre la bordure orientale bosselée de cette aire synclinale et les plis périphériques du Pelvoux. Ceux-ci s'enfoncent momentanément au sud, en discordance (Ch. Lory, P. Lory et Termier) sous les plis récents de Chaillol, de direction environ nord-est-sud-ouest.

Ainsi, comprise entre la terminaison des parties internes de la zone subalpine septentrionale et externes de la première zone alpine, le bord du Pelvoux et de la région alpine des écailles, la zone subalpine méridionale à plis est-ouest, la région Dévoluy-Bochaine-Céüze possède, bien qu'avec des frontières parfois imprécises, une individualité assez caractérisée par l'importance qu'y

prennent, le bossellement et les accidents d'âge crétacé, en même temps que
par la prédominance, encore très accusée, de la direction nord-sud et du déversement vers l'ouest dans les accidents linéaires récents.

REMARQUES GÉOGRAPHIQUES. — Dans une région où se sont superposés sans
s'effacer des éléments tectoniques différents de forme et de direction, les rapports entre la topographie et la tectonique, et particulièrement entre les directions des couches et des thalwegs, doivent se modifier chaque fois que
l'érosion atteint un système de couches affecté par une phase orogénique plus
ancienne. Telle vallée peut être transversale par rapport aux accidents anciens,
actuellement à nu, qui a été longitudinale à l'origine, dans les plis tertiaires
aujourd'hui érodés. Ceci me paraît notamment être le cas pour la vallée du
Buëch entre Lus et la Fourie.

D'autre part, ces bossellements anciens ont très souvent guidé la marche de
l'érosion, une fois qu'elle les a eu atteints : témoins tous ces vallons qui suivent et sculptent le pourtour de brachyanticlinaux.

Capture. — La grande combe marneuse de Barcillonnette est actuellement
divisée entre deux bassins, l'affluent de la Durance qui la suit, la Déoules,
ayant manifestement été décapité au profit du Drouzet par le ruisseau de la
gorge d'Espréaux. Mais la grande activité de l'érosion régressive sur le versant
sud du seuil bas d'Espréaux laisse prévoir la récupération à brève échéance du
fond de la combe par la Déoules; ce sera une capture inverse de l'ancienne.

FEUILLE DE BRIANÇON

(MASSIF DE PIERRE-EYRAUTZ)

PAR

M. MAURICE LUGEON
Docteur ès sciences, Collaborateur adjoint.

Le massif de Pierre-Eyrautz s'étend au sud de Briançon, bordé à l'ouest
par la Durance et à l'est par le torrent des Ayes. Il est ainsi à cheval sur l'anticlinal houiller, ce dernier terrain disparaissant un peu au sud des chalets
des Ayes, sous la couverture de Trias et de Jurassique. J'ai délimité exactement le Carbonifère. Il s'élève assez haut sur les flancs du vallon des Ayes

jusqu'aux chalets de Mélezein et nous le voyons sur la partie occidentale du massif occuper toutes les pentes du Vallon et de l'Hermetière.

La couverture de terrains secondaires présente une structure très compliquée que je n'ai pu parfaitement déchiffrer.

Sous les chalets de Mélezein, on voit apparaître du Malm presque en contact avec les quarzites du Trias, et semblant former un coin synclinal dans le carbonifère. Plus au sud, le calcaire rouge du Jurassique supérieur s'appuie sur les calcaires dolomitiques du Trias et s'élève en écharpe sur les flancs de Coste-Rousse pour redescendre dans le vallon de la Grande-Combe. La série est aussi normale, avec un étirement partiel, près de Mélezein. Mais ce Jurassique supérieur forme le plan sur lequel a chevauché la partie orientale du massif. En effet, on voit reposer sur lui les calcaires phylliteux rouges et verts du Trias contenant parfois du gypse à la partie supérieure (sous le pic de Jean-Rey). La série stratigraphique est de nouveau normale jusqu'à une deuxième bande de Malm sous le pic de Pierre-Eyrautz (2.906 mètres), recouverte à son tour par les calcaires phylliteux.

On reconnaît bien là la structure imbriquée si bien étudiée par M. Kilian dans le Galibier[1].

Les plis sont déversés à l'ouest.

Le pli le plus oriental se heurte par l'intermédiaire d'une faille verticale contre les couches de l'arête de la Croix-de-Mélezein (arête au sud des chalets) : les couches horizontales du Trias du pic de Jean-Rey rencontrent des couches verticales de calcaires phylliteux de l'arête de la Croix. Un lambeau de poussée de Malm est conservé dans la faille.

A partir de ce point qui, par d'énormes masses de brèches, semble constituer un noyau anticlinal, le plissement se complique par la présence d'une nouvelle bande de Jurassique supérieur longeant les pentes ravinées et abruptes qui dominent le vallon des Ayes.

Au sud les bandes de Malm se divisent encore. Autrement dit la structure imbriquée s'accentue.

Dans le pli occidental (Coste-Rousse) le Jurassique supérieur repose sur le calcaire dolomitique du Trias; dans le pli de Pierre-Eyrautz, il repose sur les couches à *Mytilus* (Dogger); on peut constater cette superposition très nettement au col, entre cette dernière cime et le pic de Jean-Rey. De ce point, les couches fossilifères longent obliquement les immenses parois de Pierre-Eyrautz en formant une « vire » qu'on peut suivre jusque dans le cirque de Fontaine-Froide.

[1] *Bull.*, n° 44, p. 126.

FEUILLES DE DIE, PRIVAS ET RÉVISION DE VIZILLE

PAR

M. V. PAQUIER

Préparateur à la Faculté des sciences de l'Université de Grenoble
Collaborateur auxiliaire.

La campagne de 1897 a été consacrée à l'achèvement de la feuille Die et à des levés sur les feuilles Privas et Vizille.

Parmi les particularités offertes par la série jurassique, il convient de signaler les variations de puissance que présentent les marno-calcaires de la zone à *Oppelia tenuilobata* qui, dans le Diois et les Baronnies, n'atteignent qu'une cinquantaine de mètres, tandis que dans les hauteurs dominant la rive droite du Buëch (Jocon, Quigouret), leur épaisseur est de plusieurs centaines de mètres et ce sont eux qui constituent la ligne de faîte jusqu'au col du Tat.

Le *Berriasien* n'offre pas de particularités à signaler ; par contre, le *Valanginien* montre de notables variations de faciès et de puissance vers le Nord de la feuille Die. En effet, au sud d'une ligne passant par Valouse-Gumiane, Saint-Nazaire, Die (environs), Miscon, il se présente avec le faciès marno-pyriteux sous lequel on le connaît dans les Baronnies. Ce sont des marnes avec de rares intercalations calcaires ; elles ne sont séparées de l'Hauterivien que par quelques mètres d'un calcaire à *Hoplites* aplatis, presque tous du groupe de *H. neocomiensis*. On peut y distinguer deux niveaux bien nets : l'inférieur caractérisé par la présence de *Duvalia conica, d'Oxygnoticeras* (s. l.), etc., tandis que le supérieur renferme *D. Emerici* associée à *Saynoceras verrucosum* et accompagnée d'autres formes caractéristiques.

Au nord de la limite précitée, l'épaisseur totale augmente beaucoup et la partie supérieure se charge en intercalations calcaires, on y observe de nombreux bancs de calcaires sublamellaires et une barre de calcaire à silex noirs. A Marignac on rencontre ainsi sur les marnes 50 mètres de calcaire à *Holcostephanus* et *Schlœnbachia*, tout à fait analogues à ceux que l'on a signalés dans cette position dans les Basses-Alpes et près de Beaucaire (M. Kilian). Les calcaires à *Hoplites* aplatis sont alors indiscernables.

Dans toute l'étendue du Diois, l'*Hauterivien* débute par les calcaires marneux à *Crioceras majoricense* Nolan (*Cr. Duvali* type, étant excessivement rare) *Holcostephanus Jeannoti*, etc., puis s'observe un niveau marno-pyriteux à Criocères et surtout à *Oppelia* et la série se termine par des couches à *Am. An-gulicostatus*, fossile dont le cantonnement à ce niveau est un fait général pour le Diois et les Baronnies.

Le *Barrémien inférieur* est généralement fossilifère et, à part les accidents signalés aux environs de Châtillon, n'offre rien de particulier.

Le *Barrémien supérieur* montre un niveau marneux pyriteux à *Heteroceras* assez constant.

L'âge des calcaires à débris et des dolomies qui constituent l'Urgonien de la bordure sud du Vercors n'a pu être fixé pour tous les points ; néanmoins la présence du Barrémien marno-pyriteux à *Heteroceras* depuis le but Saint-Genix jusqu'au pas des Econdus, sous les calcaires de la corniche, permet de rapporter ces derniers à l'Aptien inférieur.

Pour Glandasse, bien que la question ne soit encore définitivement résolue, j'incline à croire que la partie inférieure du grand escarpement de calcaires à débris qui domine la vallée de Die, est *d'âge barrémien supérieur*. J'y ai en effet rencontré *Lytoceras Phestus* Math., forme barrémienne. Des calcaires à débris nettement inférieurs à l'assise marno-pyriteuse à *Heteroceras* s'observent d'ailleurs à Monclus, à Glandage (la Révolte), à la Charce et au col de Lus où, ainsi qu'à Crupies et à Vesc l'assise marneuse en question renferme des lentilles de calcaire à *Orbitolines* avec *Pygaulus depressus* et autres fossiles de la zone inférieure à Orbitolines des environs de Grenoble. Des recherches ultérieures montreront si, comme il semble, à l'examen de ces localités, la masse inférieure de l'Urgonien de l'Isère correspond au *Barrémien*, la première zone à Orbitolines représente le niveau marneux à *Heteroceras* et la masse supérieure de l'Urgonien, le *Bedoulien*. Sur le calcaire bedoulien réduit à moins de 2 mètres, à Teyssières, notamment, repose un ensemble de marnes noires et de grès verdâtres, qui passe au *Cénomanien*; la plus grande partie de ce complexe doit être rattachée à *l'Albien*, et le *Gargasien* est, en général, peu épais et mal caractérisé. Relativement à l'absence de cette dernière subdivision dans le Vercors, on peut remarquer qu'elle est intimement liée à la superposition immédiate au Bedoulien (les Gas, Bellemotte) ou à l'Urgonien (Vercors) de dépôts détritiques tels que les conglomérats et grès du Crétacé supérieur ou les lumachelles du Gault.

Aux environs de Vesc, aux marno-calcaires cénomaniens succèdent des grès rougeâtres parfois grossiers qui sont recouverts par des calcaires grisâtres où j'ai rencontré *Mortoniceras Bourgeoisi*, forme du Coniacien et qui passent aux calcaires blanchâtres à silex et à *Micraster* qui, à Dieulefit, supportent les grès verts à *Tissotia*. Ces grès rougeâtres, dont la présence est constante dans la région de Nyons, Dieulefit, Saou, doivent, suivant toute vraisemblance, représenter le Turonien (Reynès, M. Fallot.)

Comme l'a indiqué M. Depéret, les sables et argiles bigarrés de la forêt de Saou doivent être parallélisés avec ceux de Saint-Paul-Trois-Châteaux et, par suite, rapportés à l'*Éocène*. Cette formation n'avait point été signalée entre Nyons et Lus ; j'ai rencontré près de Monclus, dans les calcaires du Bedoulien, un amas d'argile rouge, parfois sableuse que je rapproche des sédiments cités plus haut.

A la suite de récentes explorations, j'ai pu m'assurer que la mollasse rouge de Bonneval est, à Terre Rouge, nettement discordante sur le Néocomien inférieur redressé, ce qui témoigne de l'existence de *plissements anté-oligocènes dans l'Est du Diois*.

Tectonique. — Parmi les résultats fournis par l'exploration de la feuille Die, je signalerai la singulière façon dont le Diois se trouve limité à l'Est, au Sud et à l'Ouest par des accidents tectoniques qui l'isolent des régions adjacentes.

Depuis le Jocou jusqu'au sommet de Lucet, se poursuit un anticlinal jurassique qui constitue presque continuellement la ligne de faîte et dont le bord Ouest nettement déversé, s'accompagne d'un pli-faille qui naît au Nord du col de Lus et cesse vers le col du Gaud. Il en résulte qu'aucun des plis de la région du Bochaine (Lus, Saint-Julien, etc.) ne se poursuit jusque dans le Diois et que cette région chevauche en quelque sorte sur le Diois. De même, au Sud, l'anticlinal jurassique de Lépine, Pommeral, déversé sur le synclinal crétacé de la Charce, est bordé au nord par un pli-faille qui s'étend presque sans discontinuité depuis les environs de Serres jusque près de Cornillon, localité à l'Est de laquelle commence le pli de la montagne d'Angèle dont le déversement vers le nord atteint son amplitude maxima à Arnayon, où des lambeaux de recouvrements néocomiens reposent sur le gault et qui vient finir à l'est de Gumiane. C'est là que naît le grand anticlinal de Couspeau, pli qui, dès son origine, est déversé vers l'est et bientôt faillé ; il est dirigé Nord-Sud jusque vers la forêt de Saou contre laquelle il s'incurve pour venir se terminer à Mornans. Au nord lui succèdent un faisceau de plis déversés vers l'Est, de même orientation, qui contournent la forêt de Saou dont j'ai déjà signalé l'influence et vont s'éteindre au nord de Saillans. D'après ces faits, le Diois se présente donc comme une sorte de quadrilatère dont les côtés Nord-Est et Sud seraient déversés vers l'intérieur de la figure.

FEUILLE DE CHAMBÉRY

PAR

M. Attale RICHE
Chef des travaux de géologie à la Faculté des sciences de l'Université de Lyon
Collaborateur auxiliaire.

Les parties qui m'ont été spécialement confiées sont celles où se rencontrent les affleurements des étages inférieurs du système jurassique, dans la moitié occidentale de cette feuille. On peut répartir ces affleurements en deux groupes régionaux : 1° la partie occidentale du plateau jurassique de Crémieu-Morestel, 2° les chaînons occidentaux du Bas-Bugey. La constitution stratigraphique est sensiblement la même dans ces deux régions ; seule l'allure des couches diffère et justifie la division indiquée.

Stratigraphie : *Lias*. — L'étage le plus ancien dont on constate l'affleurement dans ces régions est le Lias inférieur (calcaire à Gryphées). Il se manifeste sur un unique point, fort restreint d'ailleurs, dans le nord de la feuille, à Bouis, près Villebois. Cet affleurement se prolonge certainement un peu plus au sud de cette localité, mais caché sous les éboulis.

Le Lias moyen est encore plus invisible. On entrevoit sa constitution marneuse à travers les éboulis à Hières, à Bouis et au sud de Villebois.

Le Lias supérieur ne révèle guère aujourd'hui son existence que par les déblais des anciennes exploitations de la couche de minerai de fer située dans la partie supérieure de cet étage. Ces déblais peuvent s'observer à l'entrée de la gorge d'Amby, près Hières, à la limite de la feuille de Lyon et au sud-ouest de Saint-Marcel-de-Bel-Accueil, sur quatre ou cinq points entre Bouis et Serrières-de-Briord. L'affleurement de cet étage est visible à Villebois, au dessus du lambeau précité de Lias inférieur, sur le nouveau chemin qui doit être continué jusqu'à la chartreuse de Portes.

Bajocien. — J'ai décrit assez en détail cet étage et les deux suivants dans un mémoire antérieur[1], pour donner ici seulement les traits fondamentaux de leur composition et les faits nouveaux qui y sont relatifs.

Le Bajocien comprend trois assises : 1, marno-calcaire à empreintes de *Cancellophycus* ; 2, calcaires à Entroques et silex ; 3, calcaire à Polypiers.

---

[1] *Étude stratigraphique sur le Jurassique inférieur du Jura méridional* (*Ann. Univers. de Lyon*, VI, 3, 1893).

Dans la région de La Balme à Crémieu on constate une intercalation de calcaire oolithique entre les deux assises supérieures.

J'ai rencontré au nord de Benonces, non loin de la chartreuse de Portes, un massif coralligène à Polypiers rameux, dont le calcaire compact, fin, de couleur claire, pourrait être pris isolément pour un calcaire du jurassique supérieur. C'est un nouvel exemple à ajouter à ceux que j'ai déjà reconnus [1] à Conzieu, Prémeyzel et Serrières-de-Briord.

Le faciès compact et siliceux du Bajocien, que j'ai déjà signalé[2], commence à Villemoirieu, près Crémieu, et s'étend de là jusqu'au sud du massif, envahissant de plus en plus la totalité de l'étage.

Bathonien. — 1, marno-calcaire à *Pecten exaratus* et *Ostrea obscura* ; 2, calcaire oolithique : 3, choin de Villebois.

Au sud de Crémieu les deux assises inférieures sont fusionnées en une même masse oolithique.

Le choin est activement exploité, principalement à Villebois, Montalieu, Porcieu, Parmilieu, Trept.

Callovien. — 1, marno-calcaire avec ou sans oolithes ferrugineuses, à *Macrocephalites macrocephalus* ; 2, marno-calcaire à *Reineckeia anceps* ; 3, calcaire à *Peltoceras athleta*, surmonté d'une couche à *Cardioceras Lamberti* et fossiles phosphatés.

Je rappelle [3] une sorte de lacune existant dans la partie moyenne de l'assise inférieure du Callovien des chaînons occidentaux du Bas-Bugey. Cet étage y débute par un marno-calcaire dur à surface irrégulière et perforée, avec serpules adhérentes et galets perforés, recouvert par un marno-calcaire à oolithes ferrugineuses renfermant, comme la couche inférieure, *Macroc. macrocephalus* et les mêmes autres fossiles.

Oxfordien. — Comme je l'ai indiqué [4] pour la région de Saint-Rambert-en-Bugey (feuille de Nantua), l'Oxfordien comprend : 1, marnes à fossiles pyriteux ; 2, calcaires à Spongiaires (Birmensdorf) ; 3, marno-calcaire à chaux hydraulique (Effingen) ; 4, marno-calcaires supérieurs (Geissberg).

La lacune de l'assise inférieure (Oxfordien inférieur) que j'ai reconnue antérieurement[5] à Trept, ne paraît pas s'étendre bien loin vers le nord. Les marnes à *Cardioc. cordatum* se montrent en effet au sud-est de Siccieu, à 5 kilomètres au nord de Trept. Plus à l'est, j'ai retrouvé cette lacune au cirque de Crotel, près Grosléc.

Les marno-calcaires d'Effingen sont activement exploités pour chaux hydraulique à Bouvesse, Optevoz, Trept, Vénérieu.

Dépôts glaciaires. — La boue glaciaire à cailloux jurassiens plus abondants que les cailloux alpins, est extrêmement répandue dans toute la région, sur-

---

[1] *Op. cit.*, p. 81.
[2] *Op. cit.*, p. 113.
[3] *Op. cit.*, p. 276.
[4] *Bull. Carte géol. de France : Comptes rendus pour 1896*, p. 150.
[5] *Étude stratigr.*, op. cit., p. 359.

tout dans le plateau de Crémieu. Elle occupe toutes les positions, les fonds des vallées, les flancs et les sommets des collines. Les blocs erratiques sont très nombreux. Je signale particulièrement ceux que l'on observe sur le plateau des Roches, au nord-ouest de Trept.

Alluvions post-glaciaires. — Ces alluvions forment sur les deux rives du Rhône des terrasses dont l'altitude relative varie de 5 à 20 mètres. Parfois, le fleuve est bordé directement par un abrupt de ces terrasses, comme on peut le voir en amont du viaduc de Villebois, sur la rive droite, où l'escarpement est d'une quinzaine de mètres de hauteur. Entre Montalieu et Bouvesse, le talus de la rive gauche mesure environ 20 mètres.

Au nord d'Hières existent deux terrasses dont la plus basse suit la pente nord-sud du Rhône. La plus haute, à peu près horizontale, aurait plutôt une pente inverse de la première avec laquelle elle se fond insensiblement un peu au nord d'Amblérieu. Cette seconde terrasse pénètre à l'entrée de la gorge d'Amby, par laquelle sont arrivés les matériaux constituants.

En plusieurs points du plateau de Crémieu (plaines de Charette et d'Optevoz, vallon des Tronches près Dizimieu), on trouve des dépôts d'alluvions dont un grand nombre de cailloux calcaires portent des stries plus ou moins effacées comme ceux des alluvions des terrasses post-glaciaires.

Tufs. — Des dépôts plus ou moins importants de tufs, avec coquilles terrestres et fluviatiles et empreintes végétales, se montrent au fond et sur les flancs de nombreuses vallées. Plusieurs, au moins dans leur majeure partie, sont quaternaires[1] ; chez d'autres, la formation continue encore aujourd'hui. Les plus importants de ces dépôts sont ceux de la gorge d'Amby près Hières, de Valouze près Benonces, de la gorge du Rhéby près Villebois. Ce dernier dépôt est l'objet d'une exploitation.

Tectonique : *Plateau de Crémieu-Morestel.* — Cette région est dépourvue de tout plissement, au moins dans sa partie occidentale où sont exclusivement répartis les affleurements de Jurassique inférieur, seuls en question dans cette note.

Les traits fondamentaux de ce plateau ont été esquissés depuis longtemps par Charles Lory[2]. Ce regretté savant y a reconnu l'existence de trois failles de bordure dont les directions contribuent à donner à ce « seuil méridional du Jura » sa « forme triangulaire ».

La faille de La Balme est celle où s'accuse la plus forte dénivellation. Elle met en contact, entre Hières et La Balme, la partie inférieure du Bajocien (est) avec des lambeaux que j'attribue à l'Astartien supérieur (ouest). J'ai reconnu le prolongement de cette faille entre Hières et Crémieu et au delà ; la

[1] Jacquemet, *Contribution à l'étude géologique de l'Ile de Crémieu*, p. 50 (*Ann. Soc. Linn. de Lyon*, XLII, 1895).

[2] *Description géologique du Dauphiné*, 1860-1864, p. 21 à 47 ; *Notice sur le plateau jurassique du nord de l'Isère.* (*Bull. soc. de statist. de l'Isère*, 1821.

dénivellation, bien moins forte, y affecte de part et d'autre des assises n'appartenant qu'au Bajocien et au Bathonien.

La faille de Villebois met en contact à Bouis, comme l'a dit Lory, le Lias inférieur (est) et le Bathonien supérieur (ouest). Cette faille qui prend naissance plus au nord-ouest, sur la feuille de Nantua, continue vers le sud, dissimulée sous les alluvions.

La faille de Saint-Hilaire-de-Brens met en dénivellation des assises comprises d'une part (nord) entre le Bajocien et le Bathonien supérieur, d'autre part (sud) entre l'Oxfordien supérieur et le Bathonien moyen. Entre les hameaux de Messenas et de La Chanas, le lambeau signalé par Lory comme calcaire corallien à grosses pisolithes, n'est qu'un conglomérat tertiaire, d'âge probablement oligocène.

Cette faille de Saint-Hilaire, dont j'ai étudié avec soin le prolongement du côté nord-est, tourne brusquement vers le nord pour traverser le village de Trept, et, après un parcours fort sinueux, aboutit au hameau d'Amblérieu, entre La Balme et Hières.

Je puis encore mentionner deux failles principales, dont l'une s'éloigne d'Amblérieu vers le sud-est. L'autre traverse la forêt de Serverin (feuille de Nantua) et, après plusieurs sinuosités, semble se diriger sur Bouvesse.

Chaînons occidentaux du Bas-Bugey. — Les failles du massif qui s'élève sur la rive gauche du Rhône sont dirigées environ N.O.-S.E. La plus occidentale se manifeste au sud-est de Montagnieu ; elle est sans doute le prolongement de celle de Villebois.

Entre Villebois et Serrières, le chaînon des rochers de Cuny est coupé transversalement par une faille qui prend bientôt la direction sud-est, pour couper transversalement la cluse de Serrières à Benonces.

Le village de Benonces est compris entre deux failles parallèles, distantes d'environ 500 mètres. La bande ainsi formée comprend, au nord de Benonces, le chaînon coté 850, entre le bois de Chasse et le bois de Cuny ; les couches plongent vers l'est, dans la même direction que celles de la bande suivante à l'est. Vers le sud, l'affleurement de cette bande est plus ou moins complètement caché par la boue glaciaire jusqu'à la gorge de la Brivaz. A partir de ce point et du hameau de Vercras, les couches de la moitié occidentale de la bande s'infléchissent de plus en plus vers l'ouest. Ainsi prend naissance le pli anticlinal le plus occidental de la région. Ce pli, rompu du côté est par la faille orientale de Benonces, se poursuit par les montagnes du Tantainet et de Saint-Benoît. Entre ces deux montagnes, au niveau de Groslée, l'anticlinal du Tantainet est ouvert par l'érosion jusqu'au Bathonien moyen, formant ainsi un cirque élevé au fond duquel se trouve le lac de Crotel. En ce point, les couches sont verticales sur les deux côtés du pli.

FEUILLE DE PRIVAS

PAR

M. SAYN

Collaborateur auxiliaire.

En 1897, j'ai surtout exploré le petit massif montagneux qui occupe l'angle nord-est de la feuille de Privas, sur la rive droite de la Drôme. A part le lambeau crétacé supérieur de Saint-Pancrace, déjà étudié par M. Fallot et qui n'est que le prolongement de celui de Gigors, ce petit massif est entièrement formé par le Crétacé inférieur : il se compose essentiellement d'un synclinal occupé par l'Aptien et flanqué de deux anticlinaux néocomiens.

Marnes aptiennes. — Les marnes aptiennes occupent, entre Gigors (feuille de Valence) et la Drôme, une superficie plus étendue qu'on n'aurait pu le croire d'après les travaux antérieurs; elles s'étendent depuis la limite nord-est de la feuille jusque vers Blacons ; plus au sud, sur la rive gauche de la Drôme, on les suit jusqu'au delà de la Clastre et il est probable qu'elles vont rejoindre la bande aptienne de la forêt de Saou. Ces marnes assez puissantes sont très pauvres en fossiles (quelques *Belemnites semicanaliculatus*) ; à leur base on remarque quelques mètres de marnes un peu sableuses, bien stratifiées alternant avec des calcaires marno-sableux de teinte claire et d'aspect un peu détritique.

Aptien inférieur. — Par ses brusques changements de faciès et ses grandes variations d'épaisseur, l'Aptien inférieur présente, dans notre région, un sujet d'étude des plus intéressants. Vers la limite nord de la feuille, il est coralligène et très épais (faciès urgonien) ; à quelques kilomètres au sud, à Cobonne, il est représenté par 3 ou 4 mètres de calcaires à silex avec rognons à *Orbitolines* intercalés entre le Barrémien supérieur et les marnes aptiennes ; enfin vers Blacons et les Berthalaix il est formé de calcaires bicolores en gros bancs avec silex noirs et rares Ammonites, *Costidiscus recticostatus* entre autres, et son épaisseur est très réduite ; mais si des Berthalaix on se dirige à l'est vers Beaufort, on voit la puissance de l'Aptien inférieur augmenter rapidement et devenir très grande au sud-est de Beaufort, sur la route d'Égluy, sans que son faciès change notablement : ce sont toujours des calcaires bleuâtres en gros bancs qui, un peu avant d'arriver à Beaufort, contiennent de nombreux débris de grands Céphalopodes. Il est à remarquer que le point où l'Aptien inférieur à faciès pélasgique atteint son maximum d'épaisseur est à une très faible distance, 4 ou 5 kilomètres au plus, de celui où il commence à prendre le faciès dit Urgonien.

Barrémien supérieur. — Le Barrémien supérieur comprend des marnes assez semblables d'aspect aux marnes valangiennes et qui, à Cobonne, renferment des *Heteroceras* et d'autres Ammonites pyriteuses entre autre *Desmoceras cirtense* Sayn, espèce du Barrémien d'Algérie ; ces marnes sont accompagnées de calcaires marneux assez compacts qui, dans les environs de Suze, m'ont fourni de nombreuses fossiles, entre autres : *Phylloceras infundibulum, Lytoceras densi imbriatum Desmoceras difficile, Crioceras Thiollerei, Hamulina, Heteroceras*, etc. C'est absolument le niveau de Morteyron (Lure).

Barrémien inférieur. — Le Barrémien inférieur avec sa faune caractéristique (*Holcodiscus*, grands *Desmoceras*, etc.), est bien développé à Cobonne, aux Berthalaix et vers Vaugelas, dans les environs de Saillans, près du point où M. Kilian a signalé la faunule pyriteuse de l'Hauterivien supérieur, le Barrémien inférieur présente un niveau pyriteux avec *Pulchellia* cf. *Bertrandi* Nicklès.

Hauterivien. — L'Hauterivien se termine par des marnes et calcaires marneux avec Ammonites pyriteuses (*Sonneratia*?) bien développés au dessus des Berthalaix ; plus bas viennent des marno-calcaires bleuâtres à *Crioc. Duvali* et, tout à fait à la base, des marnes à *Bel. dilatatus* accompagnées, vers Aouste, de calcaires compacts à *Desmoceras* cf. *ligatum* avec quelques intercalations gluconieuses.

Valanginien. — Le Valanginien a le même faciès que sur la feuille de Valence : il paraît très pauvre en fossiles et je n'y ai rencontré que des débris de Bélemnites (*Bel.* cf. *subfusiformis*).

En terminant, je signalerai l'existence, dans le pliocène d'Allex, de couches saumâtres avec *Congeria, Melanopsis* et *Cardium* cf. *Partschi* Mayer, qui paraissent appartenir au niveau inférieur des environs de Bollène (couches à *Congeria subcarinata* de Fontannes).

JURA ET VOSGES

FEUILLE DE METZ

PAR

M. René NICKLÈS

Chargé de cours à la Faculté des sciences de l'Université de Nancy
Collaborateur adjoint.

La partie occidentale de la feuille de Metz, dont j'ai eu à m'occuper, est très peu disloquée; si je n'avais, grâce à une obligeante communication de M. Rolland, connaissance de la topographie souterraine de la partie orientale, j'hésiterais à citer les légères ondulations ouest-sud-ouest, est-nord-est, qui se manifestent pourtant sur la carte lorsqu'on en examine l'ensemble. Ce sont : 1° le synclinal dont l'axe passe près de Jarny et qui permet au Bathonien supérieur (marnes à *Rh. varians*) de s'avancer en ce point beaucoup plus à l'est que dans le reste de la feuille; 2° l'anticlinal dont l'axe passe à Aix-Gondrecourt et qui y fait apparaître le Bathonien moyen (caillasses à *Anabacia orbulites*) à 50 mètres environ d'altitude au dessus de la base du Bathonien supérieur de Jarny. Les flancs de ces plis ont d'ailleurs des pentes très faibles.

Les avancées ou les retraits de contours provoqués par ce ridement dans la plaine de la Woëvre sont encore visibles à la limite du Callovien et du Bathonien à Brainville pour le synclinal de Jarny et à Étain pour l'anticlinal de Gondrecourt.

Bathonien. — Le Bathonien, très exactement décrit par Wohlgemuth, présente dans la région d'Étain un faciès très intéressant à la partie supérieure; c'est la dalle oolithique d'Étain qui s'étend jusqu'au nord de la feuille.

Au sud d'Étain la dalle disparaît très rapidement en passant à des marnes bleues que l'on trouve, à Puxe, à la base du Callovien à *C. Gowerianum*. Il est très difficile de fixer directement l'âge de la dalle d'Étain par suite de l'extrême rareté des fossiles.

Callovien. — Cet étage est constitué :

1° A la base par des argiles très puissantes avec nodules ferrugineux renfermant *Cosmoceras Gowerianum, Trigonia 'Scarburgensis, Trigonia elongata* (Brainville) et vers la partie supérieure *Cadoceras modiolare* dans des bancs calcaires très peu développés. Les Trigonies très abondantes persistent dans toute l'épaisseur de cette zone presque complètement argileuse. Les bancs calcaires, extrêmement rares, se présentent dans la Woëvre avec leur minimum de développement, si l'on prend pour terme de comparaison les Ardennes (Poix) ou les Vosges (Neufchâteau), où le Callovien est beaucoup plus calcaire.

2° Par des argiles avec nodules blancs, calcaires légèrement phosphatés, avec *Hecticoceras lunula, Perisphinctes* cf. *Backeriae, Steph. coronatum, Cosm. Jason,* variété à grosses côtes et *Serpula vertebralis* considéré jusqu'à présent en Lorraine comme appartenant à la base de l'Oxfordien (Braquis et Pierreville).

3° Au dessus viennent des argiles correspondant probablement au Callovien supérieur à *Cardioceras* mais où je n'ai rencontré aucun fossile.

Oxfordien. — J'ai rattaché à la base de l'Oxfordien des marnes bleues utilisées industriellement (tuileries du Bourbeau et de Villeforêt) et ne m'ayant fourni comme fossile que *G. dilatata* Lk., variété de petite taille. Il me reste encore un léger doute au sujet de l'âge exact de ce niveau ; si plus tard il était reconnu appartenant au Callovien supérieur, cela reporterait à quelques centimètres à l'ouest le contour que j'ai indiqué entre le Callovien et l'Oxfordien.

La gaize argileuse qui recouvre ce premier niveau le plus souvent masqué par des limons, renferme des fossiles en abondance : *Ostrea dilatata, O. gregaria, Millericrinus echinatus,* etc. Ces fossiles sont quelquefois siliceux, moins cependant qu'aux environs de Toul. A la partie supérieure de l'Oxfordien on doit rattacher les premiers récifs coralligènes ainsi que l'a fait remarquer M. Munier-Chalmas dans la région de Neuvisy (Ardennes). Ce fait semble d'ailleurs presque général en Lorraine jusque dans la région de Neufchâteau.

Le *Rauracien* débute par des récifs coralligènes dans la région de Ville devant Chaumont, près Damvillers ; plus au sud, aux environs de Watronville, le Rauracien inférieur est constitué par de puissantes assises de calcaire à entroques que surmontent (Rauracien supérieur) des oolithes tantôt grossières, tantôt fines à l'ouest de Verdun (forts du Tillat et du Rozellier).

Le *Séquanien* peu développé sur la feuille comprend presque toujours à la base des marnes à *O. subdeltoïdea* et *E. Bruntutana* surmontées par des bancs d'une oolithe à gros grains avec Astartés très fréquentes (Ornes Donaumont).

Les étangs si nombreux dans la Woëvre paraissent se répartir dans leur majorité en deux groupes correspondant aux limites : 1° du Bathonien et du Callovien ; 2° du Callovien et de l'Oxfordien.

Dans la première série le fond des étangs est généralement constitué par la dalle oolithique d'étain. En raison de sa faible épaisseur, cette dalle, quoique très fissurée, est probablement rendue étanche par le Callovien très argileux qui la recouvre et par son substratum (marnes à *O. Knorri*) également imperméable. Vers le nord, où les faciès calcaires envahissent presque tout le Bathonien supérieur, les étangs disparaissent en raison de la nature plus perméable du substratum.

La deuxième série d'étangs repose sur le Callovien et paraît avoir ses berges occidentales formées par l'Oxfordien, au moins dans un très grand nombre de cas.

FEUILLE DE SARREBOURG

PAR

M. René NICKLÈS

Chargé de cours à la Faculté des sciences de l'Université de Nancy
Collaborateur adjoint.

La partie française de la feuille de Sarrebourg présente peu de dislocations dans son ensemble ; quelques ondulations ou quelques failles dirigées le plus souvent ouest-sud-ouest, est-nord-est, en forment la majeure partie; une deuxième série d'ondulations moins accusées se présente dans la région de Séchamps et de Moncel avec une direction presque normale à la précédente. Aux environs de Séchamps notamment, la combinaison de ces deux ridements paraît avoir contribué à former un véritable dôme, où une étude détaillée révèle l'existence d'un plongement périphérique à la Neuvelotte, Velaine-sous-Amance, Cercueil et Séchamps.

Ce dôme est situé dans sa partie nord sur la feuille de Sarrebourg, et dans sa partie sud sur la feuille de Lunéville. Son sommet paraît être situé près de la ferme de Voirincourt où affleurent, aux environs de la cote 296, les couches à *Schlotheimia angulata*, alors que sur le pourtour, la base du Charmonthien apparaît à une altitude ne dépassant pas 225 ou 235 mètres (Laneuvelotte et Velaine-sous-Amance).

Parmi les autres accidents de quelque importance, il convient de signaler la faille de Mazerulles qui met en contact le Rhétien et le Sinémurien, et qui, disparaissant vers Moncel, fait place à un anticlinal à pentes très faibles dont l'axe est recoupé par une petite faille faisant avec lui un angle d'environ 80°.

Malgré la faible portion de territoire couverte par la partie française de la feuille de Sarrebourg, les étages qui y sont représentés sont assez nombreux en raison du relief relativement accentué que présentent certains points.

Le Trias n'est représenté que par les marnes irisées moyennes et supérieures. Dans les plaquettes de calcaire dolomitique appartenant à ces dernières, on observe quelquefois (environs de Moncel) des empreintes dont quelques-unes paraissent se rapporter au *Limulus vicensis* Bleicher, du même niveau, et dont le gisement, Vic. est éloigné à peine de 10 kilomètres.

Le Rhétien gréseux et sableux recouvre uniformément le Trias et renferme en certains points des empreintes (Mazerulles) de *Avicula contorta* avec de nombreux bivalves et des dents de poissons. Sa partie supérieure est constamment formée par les argiles rouges de Levallois.

La base de l'*Hettangien* parait formée à la base par des marnes noires où l'on soupçonne la présence non encore confirmée de *Ps. planorbe*; au-dessus, se présente, bien caractérisée, la zone à *Schl. angulata* (marnes bleues et calcaires marneux jaunes) qui passe insensiblement au *Sinémurien* : la distinction de ces étages étant extrêmement difficile aux affleurements, je me suis vu obligé de les réunir sur la carte dans une teinte commune, comme cela a été fait d'ailleurs sur les feuilles de Lunéville et de Nancy.

Le Sinémurien a un développement beaucoup plus considérable que l'Hettangin; il est formé :

1° Par des calcaires à ciment à *Arietites bisulcatus* surmontés par la zone à *Bel. brevis* ;

2° Par les marnes à *Aegoc. Dudressieri* (marnes à *Hippodium*).

3° Par le calcaire ocreux. Ce calcaire est très riche en fossiles *Ariet. stellaris, A. Nodoti, Oxynoticeras oxynotum, Oxynoticeras Buvignieri, O. Guibalianum,* etc., enfin *Caloceras raricostatum* très fréquent et bien caractérisé. Le calcaire ocreux appartient donc bien au Sinémurien dont il forme la partie supérieure [1].

Je regrette, dans cette succession de me trouver en désaccord avec M. Vélain (légende de la feuille de Lunéville, 1894). Les marnes à *Aeg. Dudressieri* sont en effet inférieures aux couches à *Caloceras raricostatum* qui parait cantonné dans le calcaire bleu foncé à l'intérieur et rouge brun dans les parties oxydées qui a reçu le nom de calcaire ocreux.

Charmouthien. — Le Charmouthien présente à la base quelques lits marneux que surmontent les calcaires à *Deroceras Davoei, Lytoceras fimbriatum. Liparoceras Henleyi,* etc...; on ne peut les confondre avec le calcaire ocreux dont ils diffèrent par la faune et par l'aspect. Je me vois à regret obligé d'insister sur cette limite du Sinémurien et du Charmouthien pour expliquer l'absence de raccordements entre les contours du Lias tracés par M. Vélain sur la feuille de Lunéville et par moi sur la feuille de Sarrebourg. Ces différences de contours sont dues aussi à ce que le dôme de Séchamps semble ne pas avoir été reconnu par M. Vélain, malgré la précision apportée par lui dans d'autres parties de la feuille.

[1] Cette succession a été exactement indiquée par M. Bleicher en 1888 et par M. Stuber en 1893.

Au dessus se développe une série marneuse avec *Am. margaritatus*.

Enfin les marno-calcaires sableux micacés avec *Am. spinatus*, au sommet.

TOARCIEN. — Le Toarcien paraît débuter au-dessus de ces marno-calcaires sableux par des couches schisteuses avec *Am.* cf. *Holandrei* surmontés par des marnes puissantes à gros ovoïdes calcaires avec *H. bifrons, Coeloc. subarmatum, Phylloc. heterophyllum* atteignant parfois une très grande taille.

Les marnes à *H. toarcense, Trigonia pulchalla, Littorina subduplicata* surmontent cette zone et sont recouvertes par le premier niveau de minerai de fer avec *Ludwigia aalensis*.

BAJOCIEN. — Ainsi que j'ai eu occasion de le faire connaitre[1], les couches à *L. Murchisonæ*, paraissent faire défaut en Lorraine : ce qui a été jusqu'à présent désigné sous ce nom correspond aux couches à *L. concavum* bien représentées à Amance. Constituées par un minerai de fer très calcaire, elles sont surmontées d'une assise marneuse, puis de bancs de calcaires sableux avec *Sonninia*.

La roche rouge, calcaire à entroques à cavités ocreuses les recouvre et renferme (Amance et Ecuelle) *Sphæroceras Sauzei* et *Sph. polyschides*.

LIMONS. — Une grande partie des affleurements du Charmouthien et du Sinémurien est recouverte par des limons presque sans calcaire, renfermant de nombreux grains d'oxyde de fer. Ces limons, qui ne renferment pas de galets, paraissent être, ainsi que M. de Grossouvre m'en a fait la remarque, des limons de décalcification. Cette hypothèse est très vraisemblable. En effet, si on observe la partie exposée à l'air des calcaires marno-sableux à *Am. spinatus*, on voit à la surface une épaisseur variable dépassant quelquefois plusieurs mètres, et pénétrant verticalement dans les bancs le plus souvent à l'emplacement des diaclases qui les traversent. Ces limons paraissent en place sur la zone à *Am. spinatus*; en raison de leur altitude, ils ont pu être entrainés par les pluies vers la vallée de la Seille : on remarque en effet qu'ils sont de plus en plus chargés d'éléments hétérogènes à mesure qu'on se rapproche du cours de cette rivière. S'ils sont en place sur la zone à *Am. spinatus*, ils paraissent sur les étages inférieurs avoir été remaniés. Il est possible d'ailleurs que d'autres niveaux (calcaires à ciment du Sinémurien inférieur et de l'Hettangien) aient contribué aussi à la formation de limons analogues.

Relations entre la nature des couches et la topographie de la région. — Les alternances fréquentes de marnes et de calcaires dans la série liasique donnent lieu, au point de vue topographique, à certaines particularités qui méritent d'être mentionnées. En raison de la différence de cohésion et de dureté, les talus d'éboulement des niveaux marneux sont différents de ceux des niveaux calcaires toujours plus abrupts. Il en résulte une série de plate-formes constituées par ces derniers et facilement reconnaissables à première vue sur le terrain et même sur les cartes. Ce sont :

---

[1] *Comptes rendus sommaires de la Soc. géol. de France*, p. 194, 1897.

1° Les calcaires à ciment (zone à *Schl. angulata* et *Ar. bisulcatus*) (Hettangien et Sinémurien inférieur);

2° Les calcaires marno-sableux micacés (grès médioliasiques) à *Am. spinatus* (Charmouthien supérieur);

3° Les calcaires bajociens de la zone à *Sph. Sauzei* (roche rouge).

Ces trois niveaux, 1 et 3 particulièrement, forment donc dans la région de Nancy des plates-formes très constantes, à bords escarpés et séparés par des pentes beaucoup plus faibles correspondant aux niveaux marneux et argileux.

FEUILLE DE METZ

PAR

M. ROLLAND

Ingénieur en chef des Mines, Collaborateur principal.

En 1897, j'ai terminé l'exploration de la partie de la feuille de Metz dont j'étais chargé (à l'Est de la ligne du chemin de fer de Longuyon à Nancy).

Indépendamment de diverses vérifications, j'ai fait, en compagnie de M. Nicklès, quelques courses sur notre limite commune, et, après entente avec lui, je me suis décidé à distinguer le Bathonien supérieur du Bathonien moyen, ce que je n'avais pas cru devoir faire précédemment.

Nous avons relevé la coupe suivante de ces deux étages, du haut en bas dans cette région :

Bathonien supérieur.

> Callovien et dalle oolithique (à l'Ouest de la ligne de Longuyon à Nancy).
> Marnes noires, à *O. Knorri*.
> Pseudo-caillasses (environ 8 mètres) à *Waldemia lagenalis, Rh. varians, Rh. badensis*.
> Marnes noires (environ 15 mètres) à *O. acuminata, O. Knorri, Rh. varians, Rh. badensis*.

Bathonien moyen.

> Caillasses (10 mètres environ) à *Anabacia orbulites, Pholadomies*, etc.
> Changement   (Marnes noires de Jarnisy (10 mètres environ) à *An. orbu-*
>   latéral   }   *lites.*
> de faciès.   /   Oolithe milliaire de Doncourt.
> Marnes de Gravelotte à *O. costata.*

Entre autres vérifications, j'ai revu certaines failles, par exemple le prolongement de la faille de Crusnes vers Monts et Norroy-le-Sec, les failles d'Avril, de Neufchef, de Fillière-la-Grange, de l'Orne et de Coinville, les failles de Briey, d'Auboué. etc.

D'autre part, j'ai continué et mené à bien le travail important que j'avais entrepris sur la *topographie souterraine des gisements de minerais de fer oolithiques de l'arrondisement de Briey.*

Je n'attends plus que l'achèvement des derniers sondages en cours pour mettre la dernière main à ce travail. Je livrerai aussitôt une carte au 1/50000ᵉ avec les courbes de niveau de 10 mètres en 10 mètres du mur de la couche grise de la formation ferrugineuse, et j'accompagnerai cette carte de divers profils.

TOPOGRAPHIES SOUTERRAINES

RÉSUMÉ DES ÉTUDES GÉOLOGIQUES
SUR LE BASSIN DE BLANZY ET DU CREUSOT

PAR

M. DELAFOND
Ingénieur en chef des Mines, Collaborateur principal.

L'un des résultats les plus saillants, obtenus par nos études géologiques en 1897, a été la classification dans le *Permien inférieur* (*Autunien*) de l'ensemble de la formation de schistes noirs et grès gris de Bert, depuis la base jusqu'au sommet.

Dans une exploration faite avec M. Zeiller, nous avons retrouvé des *Callipteris* au village même de Bert (carrière de grès sur la route de Bert aux Terriers ; affleurements de schistes avec veinules de charbon sous l'église de Bert). Au dessous des schistes de l'église, qui sont assez développés et peuvent avoir 60 ou 80 mètres de puissance, on trouve des poudingues et conglomérats qui reposent sur le granite, et constituent la base du dépôt.

Il paraît donc logique de classer dans l'*Autunien*, comme l'avait déjà fait d'ailleurs M. Grand'Eury, non seulement la partie supérieure de la formation de Bert, mais encore l'ensemble de cette dernière, y compris les conglomérats de la base.

L'étude des relations de l'*Autunien* de Bert avec le *Grès rouges* du même bassin soulève un problème fort délicat. Un sondage exécuté jadis, près du hameau des Griziards, à 300 mètres environ de distance de la limite séparative de l'*Autunien* et des *Grès rouges*, a atteint la profondeur de 500 mètres sans sortir de cette dernière formation. Le croquis approximatif ci-contre fait connaître la disposition des lieux.

Le sondage n'ayant rencontré ni la couche de houille qui a été exploitée sur le plateau, ni les schistes noirs qui l'accompagnent, on est conduit à formuler les deux hypothèses suivantes :

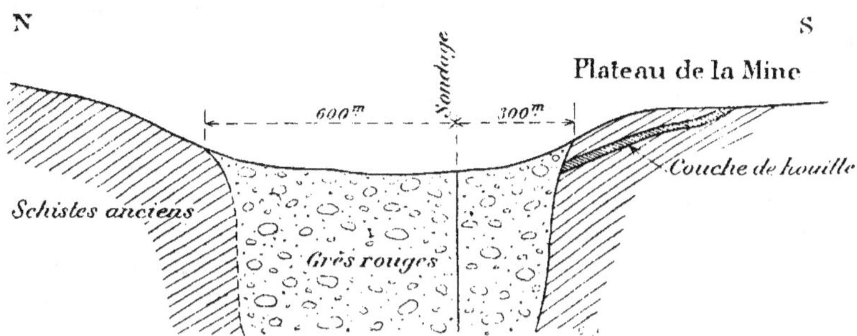

1re *hypothèse.* — Une faille, provoquant un rejet supérieur à 500 mètres, a rejeté en profondeur le Permien du Plateau.

Cette hypothèse oblige à admettre qu'une faille d'amplitude comparable sépare également le grès rouge des schistes anciens qui forment sur l'autre bord la limite du bassin permien. Il y aurait ainsi une bande de grès rouges ayant 1 kilomètre environ de largeur qui serait descendue d'au moins 500 mètres et de beaucoup plus peut-être entre deux grandes failles inclinées en sens contraire.

C'est cette hypothèse qui a été jusqu'à présent admise par les exploitants et par les géologues qui ont étudié la région.

2e *hypothèse.* — Après le dépôt de l'Autunien de Bert, les érosions des cours d'eau auraient creusé une profonde vallée située suivant la ligne de contact de l'*Autunien* et les *Schistes anciens*. Cette vallée aurait été comblée ultérieurement par les dépôts des *Grès rouges*, ainsi que le représente le croquis schématique ci-après.

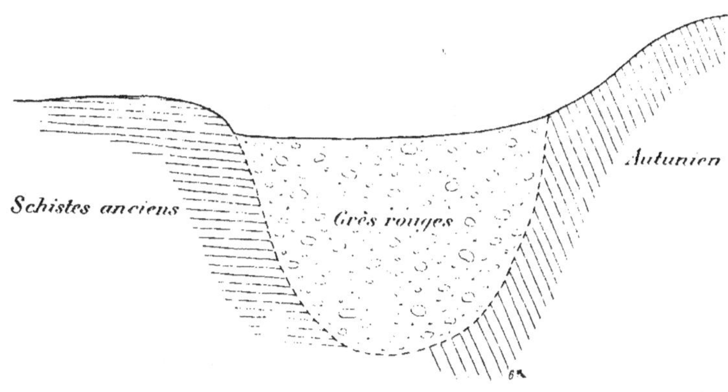

Cette hypothèse nous paraît présenter moins d'objections que la précédente, et nous serions assez disposé à penser qu'elle doit être acceptée comme vraisemblable. Nous réserverons d'ailleurs à une étude ultérieure l'examen des arguments qui militent en sa faveur, examen qui ne saurait trouver place dans ce résumé sommaire.

Nous avions, dans notre compte rendu des études effectuées en 1896, exposé que le *terrain houiller* de Blanzy et celui du Creusot nous paraissaient avoir été, avant le dépôt du *Permien* de la zone centrale du bassin (*Autunien* et *Grès rouges*), profondément ravinés, et que c'était dans cette grande et large vallée d'érosion que s'était déposé le *Permien* du centre du bassin.

Il y aurait eu ainsi, si nos diverses hypothèses sont fondées, deux grandes périodes d'érosion suivies de deux périodes de comblement; la première érosion, la plus importante d'ailleurs, aurait eu lieu après le dépôt du *Stéphanien*, et la deuxième après le dépôt de l'*Autunien*.

Nous avons montré, dans notre étude stratigraphique des terrains tertiaires de la Bresse, quel rôle important avaient joué, dans les terrains lacustres et fluviatiles, les érosions et les comblements des vallées d'érosion; il n'y a rien d'anormal à admettre que les époques houillères et permiennes aient été, dans le centre de la France, le siège de semblables phénomènes.

C'est à raison du caractère de nouveauté que nous leur supposons, et de l'importance qu'elles ont au point de vue pratique, que nous mentionnons dès à présent les conclusions auxquelles nous avons été conduit. Ces dernières ne sauraient d'ailleurs être considérées que comme provisoires et entourées de réserves bien naturelles. Dans l'étude complète du bassin de Blanzy et du Creusot que nous publierons ultérieurement, nous développerons les arguments qui nous paraissent pouvoir justifier notre hypothèse.

ÉTUDE DES GYPSES DU BASSIN PARISIEN

PAR

M. Léon JANET

Ingénieur des Mines, Collaborateur adjoint.

Par suite de la nécessité de terminer la feuille de Meaux, je n'ai pu consacrer, cette année, que peu de temps à l'étude des gypses du bassin parisien.

J'ai visité principalement les carrières d'Argenteuil, Sannois, Cormeilles, Herblay, Taverny, Frépillon, Villiers-Adam, Noisy-le-Sec et Romainville, et celles des environs de Meaux.

Je me suis surtout attaché à suivre les variations de composition et d'épaisseur des diverses assises.

Les marnes à *Pholadomya ludensis* sont très rarement visibles, et je n'ai pas encore pu trouver de bonne coupe complète de cette formation.

Le banc fossilifère à *Lucina inornata* est au contraire mis à découvert dans un grand nombre de carrières : c'est une couche de marne jaunâtre, de $0^m,15$ d'épaisseur, reposant sur un banc de gypse de $0^m,80$ d'épaisseur et surmontée par un autre banc de gypse de $0^m,70$, séparé par $0^m,50$ de marne bleue de la base de la masse moyenne de gypse. Cette assise parait avoir une grande extension.

Les *silex ménilite* se trouvent dans le banc de marne blanche puissant d'un mètre, qui surmonte la marne moyenne. Ils ne sont pas très réguliers. Tantôt on en trouve deux lits, tantôt un seul lit, tantôt ils paraissent faire complètement défaut.

Les *fers de lance* des marnes comprises entre la masse moyenne et la masse supérieure de gypse sont très nets à l'est de Paris, et tout à fait rudimentaires dans la région ouest. On en trouve d'ailleurs dans bien des bancs, et on ne peut y voir l'indication d'un niveau caractéristique.

Le niveau fossilifère des marnes blanches sannoisiennes est actuellement très visible dans les plâtrières de Romainville, et j'y ai recueilli *Limnæa strigosa, Planorbis goniobasis, Planorbis lens, Planorbis rotundatus, Melanopsis sulcata*. On trouve des fossiles dans les marnes blanches, en un grand nombre de points, mais il est assez difficile de suivre les lits fossilifères.

A la base des glaises vertes, les couches si connues à *Cyrena convexa*, sont surmontées d'assises fossilifères non moins continues, à *Psammobia plana* et *Cerithium plicatum*, qui se trouvent à $1^m,50$ environ plus haut.

Dans une course faite à Frépillon, avec M. Munier-Chalmas, il a été constaté que la glaise verte massive passait latéralement à une marne verdâtre fossilifère sur toute sa hauteur, et renfermant *Cyrena convexa, Cerithium plicatum, Psammobia plana*, des Limnées, des Planorbes, des Cypris, des écailles de poissons.

L'étage sannoisien se termine à Argenteuil, par des couches à *Cytherea incrassata* que je considère, avec M. Munier-Chalmas, comme l'équivalent marin du Calcaire de Brie. Un banc de calcaire siliceux, présentant sur sa face inférieure des *Ostrea longirostris*, forme la base de l'étage stampien.

BASSIN HOUILLER DU PAS-DE-CALAIS (2ᵉ VOLUME)

PAR

M. A. SOUBEIRAN
Ingénieur des Mines.

Pendant l'année 1897, nous avons terminé la rédaction du deuxième volume de la Topographie du bassin houiller du Pas-de-Calais. Ce volume, qui vient de paraître, comprend les concessions de Liévin, de Grenay, de Nœux, de Vendin, de Bruay, de Marles, de Camblain, de Cauchy, de Ferfay, d'Auchy-au-Bois et de Fléchinelle.

Dix planches au 10.000ᵉ (XI à XX) et trois planches au 40.000ᵉ (XXIᵃ, XXIᵇ, XXIᶜ), accompagnent le texte; elles devront être réunies aux planches I à X, dans l'atlas annexé au premier volume de cet ouvrage.

TABLE DES MATIÈRES

[1] La pagination générale du volume se trouve au bas des pages.

[1] La pagination générale du volume se trouve au bas des pages.